海洋仪器研制的信息法

——以悬浮颗粒图像仪设计为例

于连生　于翔　著

海洋出版社

2015年·北京

内容提要

本书介绍一种海洋仪器研制的新方法——"海洋仪器研制的信息法"。为了清楚地叙述该方法，书中以"悬浮颗粒图像仪"的研制为例，力求方法与实际相结合，使读者更容易理解方法，同时也能系统了解"悬浮颗粒图像仪"的有关知识。按照海洋仪器研制的实际过程展开。全书共分5章：第1章项目提出；第2章方案预研；第3章方案设计；第4章设计实现；第5章检验验证。本书可供从事仪器研制的科技工作者、仪器开发公司人员、相关大专院校师生参考。

图书在版编目（CIP）数据

海洋仪器研制的信息法：以悬浮颗粒图像仪设计为例/于连生，于翔著. —北京：海洋出版社，2015.6

ISBN 978 - 7 - 5027 - 9174 - 2

Ⅰ.①海…　Ⅱ.①于…　②于…　Ⅲ.①海洋仪器 – 研制　Ⅳ.①TH766

中国版本图书馆 CIP 数据核字（2015）第 130580 号

海洋仪器研制的信息法——以悬浮颗粒图像仪设计为例
Haiyang Yiqi Yanzhi de Xinxifa——Yi Xuanfu Keli Tuxiangyi Sheji Weili

责任编辑：赵　娟
责任印制：赵麟苏

海洋出版社　出版发行

http://www.oceanpress.com.cn

北京市海淀区大慧寺路 8 号　邮编：100081
北京华正印刷有限公司印刷　新华书店北京发行所经销
2015 年 6 月第 1 版　2015 年 6 月第 1 次印刷
开本：787 mm×1092 mm　1/16　印张：7.75　彩插：2 页
字数：180 千字　定价：30.00 元
发行部：62132549　邮购部：68038093　专著中心：62113110

海洋版图书印、装错误可随时退换

前　言

　　《海洋仪器研制的信息法》是受本书作者之一于翔的启发。他长期从事互联网教学和科研工作，在参与科研项目的过程中充分发挥了其网络查询的特长，对科研进度的提高大有裨益。根据作者的科研实践有必要做系统的总结，目的是想将这些经验成果公之于世，供海洋仪器研制者讨论参考。

　　海洋仪器与其他仪器一样，包括传感器部分、电子学部分和数据显示部分，所不同的是其应用环境和使用条件因海洋的特殊性有所不同。如传感器，它是将物理量或化学量转换为电信号的元件，这种元件被广泛应用，但当用于海洋仪器，其灵敏度、动态范围、信噪比就要有特殊的要求。防腐蚀、防生物附着、耐压水密是海洋仪器用于海洋环境的特殊要求。

　　这里提出了问题的两个方面：其一是仪器的共性；其二是海洋仪器的特殊性。

　　就仪器的共性而言，它涵盖了共同原理、共性技术、共性产业条件，这些条件既然具有共性，就可以被移植采用。

　　就特殊性而言，它指出了海洋仪器的不同之处，这也是海洋仪器研制的关键问题。

　　通过互联网查询充分地搜集和利用共性技术和基础条件，集中精力攻破具有特殊性的关键技术，是海洋仪器研制的信息法的基本思路。

　　要想充分地利用共性的东西，深刻地理解特殊问题，就要深入了解它们。互联网为了解共性基础，研究特殊问题提供了强大工具。虽然网上的东西可能有错误，但它的优点在于能够迅速地提供深入查询、深入研究的大量线索和各家之言，这就为进一步查询、研究、鉴别提供了线索，提供了思路。

　　海洋仪器研制的信息法，是海洋仪器研制思路的一次变革。仪器研制的信息法将原来的试验、改进、再试验、再改进直到原理样机、产品样机等一系列专注工程性、工艺性的漫长过程简化为分阶段信息查询和总装、检验验证的简单过程；将以工程实施为主转变为以研究和顶层设计为主。在这个过程中，围绕仪器设计和设计实现所做的信息查询、信息归纳、信息研究是整个研究过程中的最重要工作。在信息查询、信息归纳、信息研究过程中研究人员围绕要解决的问题，为了搞清楚项目背景、原理、技术、原材物料等要做深入细致的研究工作，这些工作的完成将极大地开拓研究人员的知识领域和顶层设计能力，对仪器的原理、方案、材料、元件、部件、相关产品都会有十分深入的了解，这样就真正做到在网络世界能够触及的范围内开展研究工作，运筹帷幄，为发明创造奠定基础。

　　本书结合作者利用信息法研制"悬浮颗粒图像仪"的实践，详细介绍了海洋仪器研制的信息法的方法和步骤。为了丰富全书的内容，书中详细介绍了与悬浮颗粒现场测量仪有关的研究内容，因此，也可以为显微颗粒图像测量研究提供参考。全书内容包括：绪论；第1章项目提出；第2章方案预研；第3章方案设计；第4章方案实现；第5章检验验证。

由于作者知识所限，书中错误在所难免，只当提出问题，抛砖引玉，热切地希望读者讨论指正。

此外，本书在写作和出版过程中得到以下项目的支持：① 国家高技术发展研究计划（863）项目"声光悬浮沙粒径谱仪"［编号：818 - 01 - 01（9）］；② 国家高技术发展研究计划（863）项目"光学悬浮沙粒径谱仪成果标准化"（编号：200501）；③ 国家高技术发展研究计划（863）项目"基于双光谱有毒赤潮优势藻图像分析的研究"（编号：2002AA639260）；④ 国家高技术发展研究计划（863）项目"激光悬沙测量传感器研究"（编号：2006AA09Z134）；⑤ 908专项"赤潮灾害发生规律、预警和防治"（编号：908 - 02 - 03 - 01）；⑥ 海洋公益性行业科研专项经费项目"海滨自动观测仪器检测技术与规范"（编号：200805103）；⑦ 海洋公益性行业科研专项经费项目"海洋生态环境监测仪器（悬浮颗粒物）产业化及示范应用研究"（编号：201005025 - 6）。

于连生

2014 年 12 月　于天津

目　录

绪　论

海洋仪器研制的信息法是基于互联网在海洋仪器设计中的作用提出的一种新方法。海洋仪器研制大致可分为 5 个阶段：项目提出、方案选取、方案设计、方案实现、检验验证。海洋仪器研制的各个阶段所涉及的问题各不相同又互相联系，层层深入，是一项系统工程。

海洋仪器研制的信息法强调在海洋仪器研制的各个阶段都首先利用互联网上的搜索引擎进行实名搜索，以最快的速度掌握各研制阶段所需的信息、资料概况，通过进一步查阅纸质文献、电话咨询、调研追踪、参观展览等方式提取出最有用的信息，确立结论意见。

现在社会处于信息时代，以互联网为代表的信息技术为海洋仪器研制提供了强大的信息支撑，充分地利用信息资源，会极大地提高仪器研制的质量，从而做到多快好省。

信息查询在仪器研制的各个阶段都是最重要的。通过全面的信息查询，可以最大限度地快速了解国内外现状，确定仪器的技术水平，对任务的提出，任务的背景，任务的需求给出科学的界定。

通过全面的信息查询，可以全面地了解测量方法的各种相关原理，为方案制定提供比较资料。对方案的选取、方案的水平、方案的比较做出合理的选择。

通过全面的信息查询，可以全面了解现有可以借鉴的成熟技术，帮助从大量相关技术、相关方法中筛选出仪器研制的最佳方案，甄别出哪些问题是具有海洋特点的特殊问题，哪些是可以利用现有技术（这些技术可能没有用于海洋）、现有产品直接拿来或加以改造就可作为部件甚至整机应用，从而尽可能地避免由于不了解现有技术出现的重复研究问题，极大地加快了研制进度，帮助实现合理可行的方案设计。

通过全面的信息查询，可以提供基本的原材物料的信息支撑，帮助选择部件、原件，充分利用已有相关技术成果、相关技术产品，避免技术重复，提高方案实现的标准化、可靠性。

通过全面的信息查询，可以对提出的检验方法给出合理性、先进性、可行性方面的准确判断。

通过全面的信息查询，可快速地搜寻相关研究领域的专门机构和专门人才，为信息沟通、技术合作提供信息通道。

由于信息法的利用，掌握了不同研制阶段的完整的信息，因此研究重点突出、研制思路清晰。由于了解了行业的人才、物料、技术状况，为技术攻关搭建了高效率的开放平台。

从这个意义上说，信息时代的海洋仪器研制，带着目标所做的信息查询是保证多快好省地研制仪器的有效方法。

海洋仪器研制的信息法的有效利用，最重要的是要解决搜索什么和如何搜索的问题。

搜索什么，首先要根据仪器研制的不同阶段，对搜索内容的要求各不相同。项目提出阶段，应围绕仪器应用对象、仪器现状做全面搜索，从而确定仪器研制的意义、仪器研制的目的、仪器的先进性。

方案预研阶段，应围绕实现仪器功能的各种方法、相应原理、技术基础、关键问题进行广泛搜索，从而确定选用的仪器方案。

方案设计阶段，应围绕技术指标论证仪器方案设计进行相关搜索。分析各种影响仪器测量结果的因素，根据选用的仪器方案，设计可以实施的仪器组成原理框图以及时序逻辑关系。通过指标论证，使仪器指标与使用环境相匹配，使仪器的可用性更强；通过方案设计，尽量地提高仪器的标准化、模块化水平。

方案实现阶段，要围绕设计方案框图实现的原材物料进行搜索。原材物料的选取原则是：优先选用略加改造就可以应用的整机，这是一种最便捷的选择，如果没有，再选择单元模块。一般来说，由于顶层设计时充分考虑了仪器组成的标准化和模块化，因此，可实现设计功能的单元模块应成为一起组成的主体。特殊部件、专用元件要根据用途特殊设计制作。特殊部件、特殊元件也是仪器的创新部分。

检验验证阶段，要围绕检验方法、同类仪器检验标准进行搜索。检验验证阶段包括实验室检验：检验仪器的技术功能，环境适应性（型式试验），实验室比测等；现场实验要在海洋现场长期使用考核仪器的实际应用情况。经过实验室实验和现场试验，制定检验方法和检验标准。

搜索的方法以实名搜索为主。网上搜索时"实名"的选取是非常重要的，准确选取实名的前提是要清楚地界定要查什么和查找的目的，每一次查找之前，首先要确定查找目标，这种目标在仪器研制的不同阶段是不同的，一般来说，是一个从整体到局部，层层递进的过程。对于查找的目标要选择几个相关联的名词作为备选"实名"，经网上初步搜索，结合要找的内容确定最终"实名"。

搜寻的路径，始于互联网上的实名搜索，对搜索条目进行针对性甄别，再做进一步针对性搜索，必要时电信（电子邮件、QQ、电话等）咨询，辅以参观展览、查阅书籍文献、追踪调研。

对搜集的信息要进行甄别，甄别的原则有三条：一是针对性，保证与需求相关；二是时效性，保证是最新内容，因此要注意信息的发布时间；三是权威性，保证信息的准确。对于具有权威性的信息，一般来说都具有明显的特征，比如百度词条、教科书、工具书、标准、公开发表的论文、大型企业网站、大型学会、协会网站等。

最终对收集到的信息要整理、归纳、分析，剔除或改正不准确甚至错误信息，针对研究需求总结出结论意见。结论意见要有对已有的做明确表述，需要创新的明确指出。只有这样，才能充分发挥信息的作用。

对信息的整理、归纳、分析是非常重要的。这种整理、归纳、分析要紧紧围绕保证仪器功能、提高仪器可靠性的要求去做，为仪器设计，设计实现和仪器出现达不到要求，不可靠、不稳定时应从哪里入手加以解决打下基础。

所有的发明和创造都是在前人工作的基础上实现的，从这个意义上说，了解掌握的信息越全面、越准确，创造发明的灵感就越多。

在没有互联网的时代，快速的获得海量信息是难以想象的，互联网使得这一切有了可能，海洋仪器研制的信息法才得以实现。

本书结合作者的科学研究实践，以悬浮颗粒图像仪设计为例详细阐述海洋仪器研制的信息法。信息法的研制路径如图 0 - 1 所示。

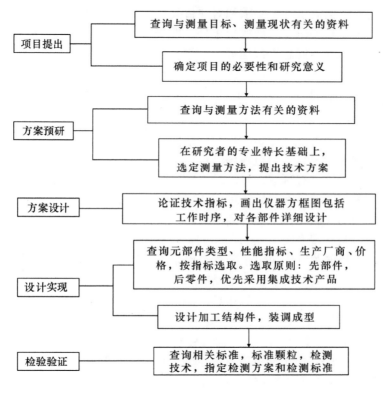

图 0 - 1　信息法研制路径图

第1章　项目提出

项目提出包括根据需求提出要求和对项目要求进行深入的信息查询研究，全面了解项目的目的、背景、相关研究的现状与进展；明确项目的实用性、先进性、必要性等。同时对项目所涉及的基本概念进行理解、消化，为后续研究工作建立共同语言环境。

1.1　测量对象及其测量方法实名搜索

根据项目要求首先要确定搜索的目的，根据确定的项目的题目进行实名搜索。以悬浮颗粒图像仪为例，对于悬浮颗粒现场测量，项目提出阶段搜索的目的就是要解决以下问题：海洋中的悬浮颗粒有哪些？测量悬浮颗粒的意义是什么？悬浮颗粒测量的现状如何？在得到了上述问题的答案之后就可以选定具体的测量方法。

为了很快地利用互联网搜索到有用的信息，首先要对研究项目的题目进行分析，提取出关键词，作为实名搜索的"实名"，选择关键词是实名搜索的最重要步骤。由于网上信息量巨大，选择的关键词决定了搜索结果是否是所要的内容。关键词要具备以下特点：既要针对性强，又要尽可能全面地反映相关信息。因此，关键词的选择要根据信息量做范围扩展和范围收缩，例如，悬浮颗粒图像仪，"悬浮颗粒物"是要测量的对象，"现场测量仪"是仪器的属性。为了搞清楚测量对象和现场测量仪现状，可提取"悬浮颗粒物"和"粒度仪"两个关键词："悬浮颗粒物"针对研究目标；"粒度仪"是"悬浮颗粒图像仪"的扩展。由于从更广泛的意义上说，悬浮颗粒图像仪是粒度仪的一种，因此，这种扩展是为了全面了解颗粒测量仪器现状，为后面方案设计提供借鉴。

为了搜索到更多的有用信息，可以采用相关关键词继续搜索，如"悬浮泥沙""悬沙测量""现场激光粒度仪""颗粒图像分析仪""浮游生物""藻""黄色物质"等，进行更广泛的搜索。

实名搜索关键词的选取是非常重要的，选得好，搜索快速、准确。对已选取的关键词，在搜索过程中，还应根据需要扩展、限定、变换，这就需要设计人员不断地积累专业知识，拓展知识面，做到触类旁通。

对搜索的内容要甄别归类，词条类、文献类、图书类对掌握概念有帮助；论文图书的参考文献可提供更多的搜索词条；产品类可帮助了解现有产品情况。只有这样，才能充分利用网络资源，获得尽可能全面的信息。

对搜索结果一定要归纳总结，得到条理清晰的结论，这对把握项目的研究意义、当前动态和确定研究方法很有好处。

根据悬浮颗粒图像仪项目提出部分的要求，选择海水中的悬浮物、海水中悬浮颗粒物研究的内容和意义、海水中悬浮颗粒物的测量方法、悬浮颗粒物有关的基本概念作为搜索实名，经实名搜索和跟踪信息调查，总结结果见 1.2 节。

1.2 测量对象及其测量方法搜索结果的整理、归纳

1.2.1 海水中的悬浮物及其研究意义

1.2.1.1 海水中的悬浮物

海水中的悬浮物包括悬浮生物和悬浮颗粒物。悬浮生物是指那些体积在几微米到几十微米的浮游微生物，如微藻；悬浮颗粒物是指那些可以在海水中悬浮相当一段时间的固体颗粒。海水中的微藻种类繁多，它们是海洋生物链中的重要组成部分。微藻的大量聚集会形成赤潮。海水中包括胶粒在内的、分散度不同的各种悬浮物质，它们的粒径一般在几微米至几百微米之间。

悬浮颗粒物包含有机组分和无机组分两类：①有机组分，主要是生物残骸、排泄物和分解物，由纤维素、淀粉等碳水化合物、蛋白质、类脂物质和壳质等所组成；②无机组分，包括石英、长石、碳酸盐和黏土等来自大陆的矿物碎屑，习惯上称为悬浮沙。在海水化学过程中所生成的硅酸盐、钙十字石、碳酸盐、硫酸盐和水合氧化物等次生矿物，在生物过程中生成的硅骨架碎屑等生源物质。

海洋水体中的悬浮物，大都要沉降到海底。其沉降速率主要取决于颗粒的大小和几何形状。例如，粒径为 $2\sim20\ \mu m$ 的球状悬浮物，其沉降速度约为 $0.1\sim10\ m/d$。在深度达 3 650 m 的海域，从表层沉降到洋底要经过 $1\sim100$ 年的时间。在沉降的过程中，它们经历着溶解、沉淀、絮凝、离子交换、吸附和解吸等一系列的物理化学过程。这些过程对海水微量元素的含量分布起着重要的控制作用。

1939 年，K. 卡勒首次利用丁铎尔效应直接测量海水中悬浮物的含量，1953 年，N. G. 杰尔洛夫应用光学方法测定了太平洋、大西洋、印度洋、红海和地中海的悬浮物的时空分布。结果表明海水中悬浮物的含量随地理位置和季节有很大的变化。

悬浮物的含量，决定着海水的水色和透明度，还直接影响着海水的声学性质和光学性质。大洋中悬浮物含量每升只有几毫克，粒度微小，水色深蓝；近岸和河口海区的悬浮物含量达到 100 mg/L 左右，长江口、黄河口可达 3 g/L，而且颗粒较粗，中值粒径大约 30 μm，水色多呈浅蓝、绿以至于黄。大洋中的悬浮物，主要包含颗粒有机物、无铝无机物和铝硅酸盐三类，其组成随深度而变化。在表层的海水中，大部分悬浮物是有机物；在近底层的海水中，约一半的悬浮物为无铝无机物。沿岸和河口的悬浮物，组成比较复杂，主要是来自大陆的无机颗粒和有机颗粒。离岸越远，生物过程和化学过程中形成的成分（次生成分）越多。虽然在沿岸海水中无机组分和有机组分在深浅不同的水层的含量变化幅度比较大，但是平均起来，前者的含量稍多于后者。

海水中悬浮物的表面，能够有选择地吸附有机负离子，因而常荷负电。悬浮颗粒所携带的这些有机物，为细菌和其他微生物的繁殖提供了有利的条件。

1.2.1.2　悬浮颗粒的分类

悬浮颗粒按照化学属性分类，可以分为无机性和有机性悬浮颗粒。按照生物属性分类，可以分为生物性和非生物性悬浮颗粒。按照来源分类，可以分为碎屑性和自生性悬浮颗粒。碎屑性颗粒也可以称为外源性颗粒，包括河川径流、冰川运动和风力输送的陆源颗粒、再悬浮物质、水下喷出物产生的颗粒。自生性颗粒是海洋中由生物或无机化学过程所产生的生物和无机颗粒，包括细菌、微小浮游生物、排泄物以及碳酸钙和硫酸钡沉淀、胶体金属水合氧化物等。按形成源地分类，分为外部生成和内部生成两类，再悬浮沉积物被划分在内部生成类属中。按照物种分类的分类数较多，见图 1-1。

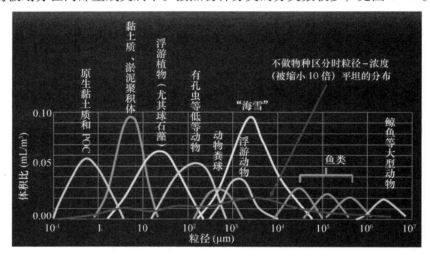

图 1-1　海洋中 TSM 的物种宽谱分布

1.2.1.3　海水中悬浮颗粒物研究的内容和意义

悬浮颗粒物研究内容主要包括：颗粒物成分；时空分布；水平、垂直迁移速率以及颗粒物成分、时空分布、迁移速率与颗粒粒径的相关性。

研究海洋中的悬浮颗粒物具有十分重要的意义，主要体现在以下 4 个方面。

①悬浮颗粒物是海洋沉积物的主要来源，悬浮颗粒物的成分和时空分布规律对研究海洋地质构造、海底矿物具有重要的参考价值。

②悬浮颗粒物是许多元素由表层海水输送到底层海水，由河流输入到大海的主要载体。它在元素输送、循环和去除中充当着重要角色。

③表层悬浮颗粒的数量影响着海水的透明度和真光层的厚度，从而影响浮游生物的光合作用和初级生产力。

④悬浮颗粒本身也是微小生物的食物。这些无机颗粒和有机碎屑到达深海后成为底栖生物的主要食物来源。

1.2.2　颗粒测量技术在悬浮颗粒测量中的应用与进展

1.2.2.1　海水中悬浮颗粒物的测量方法

海水中悬浮颗粒物的测量方法主要有以下 2 种。

①采样法。采样法是在测量海区采集水样，将水样带回实验室进行测量。

②现场仪器测量。目前用于现场悬浮颗粒物测量的仪器主要有激光粒度仪、显微图像分析仪、透明度仪和浊度计。

因为大洋海水中的悬浮物含量很小，所以收集测定方法有以下 2 种。

①重力法。通过过滤和离心收集后称重。

②现场光学方法。用光学仪器间接测量。具体有两种方式：测量透光值的透明度法和测定散射光值的浊度法。

在河口海岸区域，海水中的悬浮物以泥沙为主。泥沙运动对全球环境和水与营养物的循环有重要影响，泥沙治理是河流与土地治理的关键，也是近海海洋环境治理的重要内容。

2004 年 10 月《第九次河流泥沙国际学术讨论会总结报告》中指出："泥沙的现场监测与原型观测资料对改善理论和模型、发现实际问题和改进泥沙治理均极为重要。然而原型观测仪器和技术的改进近来似乎落后于计算和后处理。"建议"改进原型观测的仪器与设备，统一和规范取样与分析程序，尽量应用现代先进技术，以提高原型资料的可靠性和实用性"。这段文字凝练地概括了泥沙测量技术的现状，同时指出了测量技术的发展方向。

研究泥沙运动必须对泥沙进行测量，泥沙参数包括泥沙浓度（含沙量）和粒径分布（级配）。传统的泥沙测量主要依靠采样后在实验室分析，主要的分析仪器有：量尺、分析筛、粒经计、吸管、光电颗粉仪、离心沉降颗分仪等。现场测量仪器主要用来测量浓度，如同位素测沙仪、光电测沙仪、振动式测沙仪、超声波测沙仪、压力式测沙仪等。

1.2.2.2　悬沙粒度测试技术进展

悬沙粒度测量从更广的范围看属于颗粒测量范畴。传统的方法是依靠室内分析，主要分析仪器有分析筛、粒径计及国产光电颗分仪等。由于受各种分析方法适用粒径范围的限制，对每一个样品的颗粒分析，都需要两种或两种以上的方法组合才能完成。如近几年常用的方法是将一个样品先过 63 μm 的筛（用高压水头冲），其中将筛上部分烘干，进行振筛，并逐级称重；筛下部分用光电颗分仪分析，然后对两种方法测得的结果进行全沙级配计算。其整个过程操作繁琐、费工费时、效率低、劳动强度大、自动化程度低，分析一个样品需要 1 h 左右，加之手工操作的人为影响大，致使资料的成果质量难以保证。更有甚者，光电仪受其原理的局限性（沉降法），对小粒子测量会产生很大误差（由于粒径小于 1 μm 的粒子，多处于布朗运动状态，不再沉降），而且这一误差随着小粒子所占比例的增大，其误差成倍增加，严重影响了成果质量，是目前最突出也是最需要尽快解决的问题。

近年来颗粒测量测试技术进展很快，相对来说悬沙颗粒现场测量技术进展缓慢，但颗粒测量先进技术正在逐步地应用于泥沙测量中。

1）激光粒度仪在悬沙测量中的应用

激光衍射/散射技术，现在已经成为颗粒测试的主流仪器。其主要特点是测试速度快，重复性好，分辨率高，测试范围广。

激光粒度分析技术最近几年已在泥沙测量方面得到应用并生产出了专用产品。国内已有泥沙调查和研究部门采用了激光粒度仪对泥沙样品进行粒度分析。具有代表性的应用是马尔文公司生产的 MS 2000 激光粒度仪在黄河调水调沙试验中的应用，代替了传统分析方法，极大地提高了分析速度。

激光粒度仪用于现场悬沙测量，其代表性的产品是美国红杉科学公司和美国最大的海洋研究所伍兹霍尔合作研制的 LISST – 100 悬浮沙粒径分布探头。

激光粒径仪的最大缺点是无法测量高浓度悬沙，而且由于存在散射模型和算法方面的问题，对于不规则的悬沙颗粒，测量结果存在与传统方法不可比的缺点。

2）颗粒图像分析技术现状

颗粒图像分析技术是一种传统的实验室颗粒测试技术，直观、准确，但没有现场仪器。为了研制现场仪器，我国在"九五"和"十五"期间，在 863 计划支持下，解决了现场自动采样、图像拍摄过程的自动控制等技术问题，研制了"声光悬浮沙粒径谱仪"和"光学悬浮沙粒径谱仪"，获得了一项国家发明专利和两项实用新型专利。该类仪器是基于数字图像分析技术，前者测量悬沙颗粒的散斑图和声学共振曲线，通过图像分析给出现场悬沙粒径分布（适用于低浓度测量），通过声速和声衰减系数反演浓度；后者通过现场显微图像拍摄，计算机图像处理获得悬沙粒径分布和浓度。在长江口、秦皇岛、鲅鱼圈、汉口水文站等地进行了现场试验。在长江口 3 个月的现场试验，所得数据与标准分析法分析结果对比，证明原理正确，测量数据准确，是现场悬沙测量的有效手段。

1.2.2.3　悬沙浓度测试技术进展

1）γ射线泥沙测量仪

由中国科学院、教育部水土保持与生态环境研究中心的雷廷武研究员、赵军高级工程师等人研制成功的"γ射线泥沙测量仪"2003 年通过了中科院西安分院组织的项目鉴定。该仪器可长期动态监测泥沙含量，测量范围 0 ~ 800 kg/m³，测量误差小于 3 kg/m³。2005 年度"自动在线泥沙测量仪"被科技部列入国家级重点新产品计划项目。据悉，本成果首次在国内外采用 γ射线测量方法，发展了坡面径流泥沙含量自动测量系统；研究了不同土壤种类、采样时间长短等因素对 γ射线测量泥沙含量的影响，并分析了 γ射线测量泥沙含量的动态测量与静态测量的误差，提出了减少误差的方案；将坡面径流泥沙含量与径流流量的测量集成在一套系统上，完整、综合地解决了径流小区水土流失的自动化测量问题，实现了数据的计算机采集、通信、管理。解决了坡面径流流量很小情况下的采样与测量难题。

2）光学后向散射浊度计（Optical Back Scattering，简称 OBS）

光学后向散射浊度计是一种光学测量仪器，它通过接收红外辐射光的散射量监测悬浮沙，然后通过相关分析，建立水体浊度与泥沙浓度的相关关系，进行浊度与泥沙浓度的转化，得到泥沙含量。这种方法，操作简单，能够快速，实时，连续测量。但由于散射光与悬沙浓度存在非线性关系，测量结果受多种因素影响，精度较低。

3）声学仪器在悬沙观测中的应用

声学多普勒流速剖面仪（ADCP）是近十几年来发展起来的一种用于测量流速的声学仪器，同时还可以通过建立回声强度和现场取得水样的回归关系式而获得悬沙浓度数据。高建华等利用在长江口两个站位的高频观测数据，对现场取得的悬沙作粒度分析。但由于声学仪器分辨率低，且存在非线性，测量结果离散性较大。

4）悬沙图像分析仪

上面的三类仪器，只能测量悬沙浓度，不能分析颗粒。我国研制的"光学悬浮沙粒径谱仪（悬沙图像分析仪）"即可现场测量悬沙粒经分布也可以测量悬沙浓度。其浓度适应范围比激光粒度仪可高出 2 个数量级，基本可涵盖长江口、黄河口悬沙浓度范围。

5）国内外颗粒图像分析标准现状

国内外尚没有悬沙图像分析标准。悬沙测量属颗粒粒度分析的范畴。国际上该领域的标准归口国际标准化组织第 24 届技术委员会《筛网、筛分和其他颗粒分检方法》（ISO/24）。国内主要归口全国筛网、筛分和其他颗粒分检方法标准化技术委员会，其编号为：CSBTS/TC168。

中国颗粒学会测试专业委员会会同国家标准物质中心正在制定《粒度分析——图像分析法　第一部分：静态图像分析法》国家标准，悬沙图像分析属于动态分析，其相应的标准还未开始制定。

1.2.2.4　悬沙测试技术展望

1）激光粒度仪

由于无法测量高浓度悬沙，而且存在散射模型和算法方面的问题，对于不规则的悬沙颗粒，测量结果存在与传统方法不可比的缺点，在现场测量应用终将受到限制，但对于低浓度情况仍不失为一种快速、实时的优选测量仪器。由于是已经成熟的技术，在未来的悬沙测量中将会得到更多的推广应用。

2）悬沙图像分析仪

悬沙图像分析技术是一种基于显微图像分析原理的技术，利用数字显微镜拍摄颗粒图像，对图像进行分析，获得颗粒粒径分布、颗粒浓度等参数，它具有直观、准确的特点。实现现场测量的关键技术包括现场采样技术、自动控制动态照相技术以及图像的预处理和分析。我国研制的"光学悬浮沙粒经谱仪"就是此类仪器。该仪器成功地解决了上述技术难题，已成功地应用于现场测量。由于其适用于高浓度且同时测量粒径和浓度的特点，因此是一种很有前途的现场悬沙测量仪器，也是国内外颗粒测量仪器的研究方向，相信在未来的悬沙测量和动态颗粒测量中将承担重要角色。

1.2.2.5　与悬浮颗粒物有关的基本概念

根据前两节通过信息搜索和整理得到的结果可知，目前适用于现场悬浮颗粒测量的方法最有发展前景的是颗粒图像分析法和激光衍射散射法，在此结论的基础上，信息搜集就转入与悬浮颗粒及其测量有关的基本概念搜集上，包括仪器的性能指标、专门术语、定义等。与悬浮颗粒测量有关的基本概念，经信息搜索整理，归纳如下。

（1）频率分布（frequency distribution）

以泥沙颗粒粒径为横坐标，以各级泥沙所占数目的百分数为纵坐标，做成的柱状图。

（2）累积频率分布（cumulative frequency distribution）

以泥沙颗粒粒径为横坐标，以各级泥沙颗粒所占百分数逐级累积作为纵坐标，做成的曲线。

（3）中值粒径 D_{50}（median particle diameter D_{50}）

在累积频率分布曲线上，累计分布百分数达到50%时所对应的粒径值。

（4）含沙率（suspended sediment particle concentration）

单位浑水体积内泥沙的体积百分比。

（5）分布宽度（distribution spread）

在频率曲线上，累计分布百分数达到3%时所对应的粒径值 D_3，减去在频率曲线上，累计分布百分数达到97%时所对应的粒径值 D_{97} 所得的值。

（6）双峰分离（peak resolution）

中值粒径 D_{50} 不同的两种颗粒，在频率分布曲线上出现刚能够分辨的双峰，所对应的两种颗粒的中值粒径 D_{50} 之差。

（7）等面积粒径

与颗粒投影面积相等的圆的直径。

（8）泥沙的容重

泥沙单位体积的重量，或称"单位重量""么重"或"重率"。工程界习惯用的单位为" t/m^3"，按国际标准单位应理解为密度。

泥沙的容重随其组成物质而略异，石英往往占很大成分。见表1–1。

表1–1　泥沙主要成分的容重

名称	容重（t/m^3）
长石	2.5 ~ 2.8
石英	2.5 ~ 2.8
云母	2.8 ~ 3.2

黏土的容重为 2.4 ~ 2.5 t/m^3，黄土的容重为 2.5 ~ 2.7 t/m^3，一般泥沙常用的容重为 2.6 ~ 2.7 t/m^3。

泥沙的干容重。一般把单位体积的沙样干燥后，泥沙的重量叫做"干容重"或称"干么重"。由于空隙存在，所以干容重小于容重（表1–2）。

表 1 - 2　各种粒径泥沙的起始干容重（淤积仅一年或不足一年）

加利福尼亚区收集资料		特赖斯克实验室资料		汉姆勃里、柯尔倍斯文森、台维斯收集资料		汉泼资料	
D_{90}（mm）	干容重（kg/m³）	粒径范围（mm）	干容重（kg/m³）	中径（mm）	干容重（kg/m³）	中径（mm）	干容重（kg/m³）
256	2 240			1.0	1 928		
128	2 210	0.5 ~ 0.25	1 430	0.5	1 670		
64	2 120	0.25 ~ 0.125	1 430	0.25	1 430		
32	1 990	0.125 ~ 0.064	1 380	0.10	1 236		
16	1 860	0.064 ~ 0.016	1 268	0.05	1 123		
8	1 750	0.016 ~ 0.004	883	0.01	915	0.01	1 170
4	1 655	0.004 ~ 0.001	369	0.005	825	0.005	1 090
2	1 575	0.001 < 0	48.2	0.001	674	0.001 2	770
1	1 525						
0.5	1 492						
0.25	1 475						
0.125	1 475						

（9）浸泡在水中的泥沙颗粒

一般细颗粒的黏土，在含有电介质的水中，由于化学作用（离解）的结果，表面总是带负电荷的离子。同时，离解出来的阳离子，则被吸引在颗粒周围，组成离子圈。因为水分子由一个氧原子和两个氢分子组成，所以沙粒表面又吸着水分子，构成了"水膜"。这部分水又叫"分子水"。分子水可分内外两层。内层叫"胶结水"，外层叫"胶滞水"（图 1 - 2）。至于水膜以外的分子水，就不再受沙粒引力的约束，可以自由活动，称为"自由水"。沙粒的表面与胶结水的相互吸力非常大，可达 10 000 个大气压。

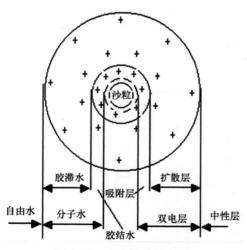

图 1 - 2　水中沙粒示意图

（10）浑水的容重

单位体积的浑水重量叫做浑水容重，符号用 r_m，单位为 t/m^3，表达式为：

$$r_m = er + S_V r_s + er + (1 - e) r_s \tag{1-1}$$

式中：r_m 为浑水的容重；r 为清水容重；e 为含水率（单位浑水体积内水的体积），$e = (1 - s_V)$；s_V 含沙率（体积比含沙量，单位浑水体积内泥沙的体积），$S_V = (1 - e)$。含沙量单位体积中泥沙的重量叫做"含沙量"，符号为 S，常用单位为 kg/m^3（表1-3）。

$$S = (1 - e) r_s = S_V r_s \tag{1-2}$$

表1-3　浑水容重与含沙量对照

含沙率（体积比含沙量）S_V（%）	含水率 e（%）	含沙量 S（kg/m^3）	浑水容重 r_m（kg/m^3）	含沙量（重量比含沙量）S_w（%）
0	100	0	1 000.0	0
0.1	99.9	2.7	1 001.7	0.269
0.2	99.8	5.4	1 003.4	0.538
0.3	99.7	8.1	1 005.1	0.805
0.4	99.6	10.8	1 006.8	1.072
0.5	99.5	13.5	1 008.5	1.242
0.6	99.4	16.2	1 010.2	1.605
0.7	99.3	18.9	1 011.9	1.865
0.8	99.2	21.6	1 013.6	2.13
0.9	99.1	24.3	1 015.3	2.39
1.0	99.0	27.0	1 017.0	2.66
1.5	98.5	40.5	1 025.5	3.95
2.0	98	54	1 034	5.22
3.0	97	81	1 051	7.70
4.0	96	108	1 068	10.12
5.0	95	135	1 085	12.45
6.0	94	162	1 102	14.70
7.0	93	189	1 119	16.90
8.0	92	216	1 136	19.00
9.0	91	243	1 153	21.0
10	90	270	1 170	23.0
15	85	405	1 255	32.3
20	80	540	1 340	40.3
30	70	810	1 510	53.7
40	60	1 080	1 680	64.3
50	50	1 350	1 850	73.0
60	40	1 620	2 020	80.2

（11）悬沙测试领域需要统一认识的基本问题

自然界的颗粒（包括泥沙颗粒）大多是不规则的形状，表征颗粒大小的粒径对于不规则颗粒如何确定，就成为颗粒测量的前提。为了促进悬沙测试技术的普及，对如下几个基础性问题取得共识是必要的。

1.2.2.6 悬沙测量概念的内涵

悬沙测量应该包含悬沙颗粒大小及其分布测量和悬沙浓度（含沙量）测量。

（1）泥沙颗粒的大小与泥沙粒径的表示方法

等容粒径 和泥沙同一体积的球体的直径，即：

$$D_n = \left(\frac{6V}{\pi}\right)^{\frac{1}{3}} \tag{1-3}$$

式中：D_n 为泥沙等容粒径；V 为泥沙颗粒体积。$V = \dfrac{W}{r_s}$，W 为泥沙颗粒的重量；r_s 为泥沙容重。

筛径 颗粒恰能通过正方形筛孔的边长。作为近似，筛径即视为等容粒径。

标准沉降粒径 与泥沙颗粒有同样容重，在水温 24℃的静止的蒸馏水中，不受边界影响，与单颗粒泥沙有相等沉速的球体直径。

显微粒径 颗粒图像分析仪采用投影圆当量径，它是与泥沙颗粒平面投影图像面积相等的圆的直径（图 1-3）。

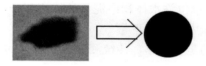

图 1-3 等面积圆直径（等效直径）

激光粒径 光在行进中遇到颗粒，将有一部分光偏离原来的传播方向，这种现象称为光的散射或者衍射。颗粒尺寸越小，散射角越大；颗粒尺寸越大，散射角越小。根据 Mie 理论，由激光散射计算出的颗粒粒径叫做激光粒径。

（2）泥沙颗粒的形状

球度系数 Λ：

$$\Lambda = \frac{A'}{A} \leqslant 1 \tag{1-4}$$

式中：Λ 为球度系数；A' 为与沙粒等体积的球体的表面积；A 为沙粒的表面积。

对于几何形状规则的颗粒，Λ 值可用公式推算。例如，球体 $\Lambda = 1$，立方八面体 $\Lambda = 0.906$，正八面体 $\Lambda = 0.806$，正四面体 $\Lambda = 0.670$，见图 1-4。

1934 年，瑞士学者津格（Zingg Th.）提出可根据颗粒的三个主轴长度，估算不规则形状颗粒的球度系数 Λ。

$$\Lambda = \sqrt[3]{\left(\frac{b}{a}\right)^2 \left(\frac{c}{b}\right)} \tag{1-5}$$

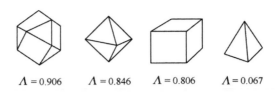

$\Lambda = 0.906$　　$\Lambda = 0.846$　　$\Lambda = 0.806$　　$\Lambda = 0.067$

图 1-4　几何形状规则的物体的球度系数

式中：a，b，c 分别表示颗粒三个互相垂直的最长轴、中间轴和最短轴的长度。

体积常数 k：

$$k = \frac{颗粒体积}{D^3} \qquad (1-6)$$

D 为颗粒在稳定位置平面投影的外包直径。对于球体 $k = \dfrac{\pi D^3/6}{D^3} = \dfrac{\pi}{6} = 0.524$，河槽泥沙的体积常数小于 0.5，约为 0.4。对于粒径大于 0.1 mm 的泥沙，体积常数一般较易准确测定。

面积常数 f：

$$f = \frac{颗粒的表面积}{D^2} \qquad (1-7)$$

D 为颗粒平面投影的外包直径。对于球体 $f = \pi$。泥沙面积常数常小于 π。

含沙率（悬沙浓度）：单位浑水体积中泥沙的体积百分比，也叫做体积比含沙量。

含沙量：单位浑水体积中泥沙的重量。

悬沙图像分析仪测量的是含沙率。传统测量方法测量的是含沙量。根据经验，利用含沙率换算含沙量要乘以 27 kg/m³。

（3）粒径测量结果的不可比性

不管是哪种粒径，测量值的大小都与测量原理有关。由于测量方法不同，原理不同，对于同一种颗粒采用不同的测量方法所得的结果将不相同（球形颗粒除外），也就是说是不可比的。只有对于那些球度系数大于 0.7 以上的颗粒，作为近似，可按球形颗粒处理。只有球形颗粒，才能在不同的仪器上获得相同的测试结果。这也是标准颗粒必须是球形的原因。

（4）粒径分布的一致性

尽管不同的测量方法测出的同一颗粒粒径不同，但对于颗粒群的归一化分布结果，即颗粒群的分布规律是一致的。正是这一点，为溯源和结果比对提供了依据。

（5）干样和湿样的差别

现场采样后通过烘干处理后的沙样与现场测量的悬沙是不同的，它们之间的比较应考虑其差别。

（6）现场絮凝颗粒的处理

对于颗粒图像分析仪来说，现场测量的颗粒存在相当数量的絮凝颗粒，对于这些颗粒，不应视为黏连颗粒而应作为大颗粒处理，因为此种颗粒的运移规律主要取决于絮凝后颗粒的大小和形状。

第 2 章　方案预研

方案预研是在确定了研究方法之后，也是在方案设计之前必须做的工作，方案预研的好坏决定了方案实现的顺利与否。方案预研要对采用技术方案的历史、现状、原理、技术细节进行详细地搜索、分析、归纳、整理，搞清楚哪些技术可以为方案所用，哪些技术需要研究解决，哪些问题是具有创新性的关键点，使研究者头脑清晰，使方案设计有的放矢。

2.1　技术方案的历史、现状、原理、技术细节的搜索

从项目提出的归纳中可以看出，现场激光粒度仪已有成熟产品，现场颗粒图像分析仪尚无产品，但显微镜、数字显微镜、实验室颗粒图像分析仪相当成熟。考虑到仪器的首创性和自有知识产权，可选择现场颗粒图像分析仪作为研制悬浮颗粒图像仪的首选方案。首先在网上搜索"颗粒图像分析仪"。通过搜索了解到，市售的颗粒图像分析仪的基本构成包括两部分：一部分是数字显微镜；另一部分是分析软件。这种仪器是在实验室环境工作，要想实现在海水中工作，首先要解决观察样品采集的自动化问题，在此基础上，实现显微图像自动拍摄，自动存储、自动回放以及图像处理，并使之处于水密封容器中。

初步确定，悬浮颗粒图像仪包括两部分：一是水下部分，用于拍摄悬浮颗粒的图像；二是水上部分，用于悬浮颗粒图像的分析处理。

实验室颗粒图像分析仪测量悬浮颗粒的大小是通过测量颗粒图像的面积得到，要得到准确的颗粒面积，颗粒图像要有清晰的边界，背景均匀，二值化处理后边界无间断点才能保证测量的正确，因此，二值化后颗粒图像无间断点、不失真是颗粒图像质量好的判据。能拍摄出背景均匀、边界清晰的颗粒图像，是对水下机的基本要求。

确定哪些因素影响颗粒图像拍摄质量是方案预研的主要工作。为此，首先要对显微镜做全面搜索，搞清楚成像原理以及哪些因素影响显微成像。网上搜索的关键词包括："显微镜发展简史""显微镜成像原理""显微镜结构"，进一步搜索"物镜""目镜""照明光源""成像器件"等。搜索的目的很明确，就是要通过全面了解显微镜的原理、组成，搞清楚影响成像质量的因素，为正确的选择显微成像系统做准备。

经实名搜索和跟踪信息调查，总结结果见 2.2 节。

2.2　技术方案的历史、现状、原理搜索结果的归纳、整理

2.2.1　显微镜发展简史

早在公元前 1 世纪，人们就已发现通过球形透明物体去观察微小物体时，可以使其放大成像。后来逐渐对球形玻璃表面能使物体放大成像的规律有了认识。

1590 年，荷兰和意大利的眼镜制造者已经造出类似显微镜的放大仪器。1610 年前后，意大利的伽利略和德国的开普勒在研究望远镜的同时，改变物镜和目镜之间的距离，得出合理的显微镜光路结构，当时的光学工匠遂纷纷从事显微镜的制造、推广和改进。

17 世纪中叶，英国的胡克和荷兰的列文胡克，都对显微镜的发展做出了卓越的贡献。1665 年前后，胡克在显微镜中加入粗动和微动调焦机构、照明系统和承载标本片的工作台。这些部件经过不断改进，成为现代显微镜的基本组成部分。1673—1677 年期间，列文胡克制成单组元放大镜式的高倍显微镜，其中 9 台保存至今。胡克和列文胡克利用自制的显微镜，在动、植物机体微观结构的研究方面取得了杰出成就。

19 世纪，高质量消色差浸液物镜的出现，使显微镜观察微细结构的能力大为提高。1827 年阿米奇第一个采用了浸液物镜。19 世纪 70 年代，德国人阿贝奠定了显微镜成像的古典理论基础。这些都促进了显微镜制造和显微观察技术的迅速发展，并为 19 世纪后半叶包括科赫、巴斯德等在内的生物学家和医学家发现细菌和微生物提供了有力的工具。

在显微镜本身结构发展的同时，显微观察技术也在不断创新：1850 年出现了偏光显微术；1893 年出现了干涉显微术；1935 年荷兰物理学家泽尔尼克创造了相衬显微术，他为此在 1953 年获得了诺贝尔物理学奖。

古典的光学显微镜只是光学元件和精密机械元件的组合，它以人眼作为接收器来观察放大的像。后来在显微镜中加入了摄影装置，以感光作为可以记录和存储的接收器。现代又普遍采用光电元件、电视摄像管和电荷耦合器等作为显微镜的接收器，配以微型电子计算机后构成完整的图像信息采集和处理系统。

目前全世界最主要的显微镜厂家有：奥林巴斯、蔡司、徕卡、尼康。国内厂家主要有：江南、麦克奥迪、凤凰光学、宁波永新等。

2.2.2　凸透镜成像原理

不同的介质折射率或者介电常数不同，因此，光在不同介质中的传播速度不同，在不同折射率透明介质的界面将发生折射现象（图 2-1）。

基于光线的这种折射现象制作的光学元件，可以实现光线传播方向的改变以及光束的汇聚或发散等。透镜就是这类光学元件中常用的一类。透镜是组成光学显微镜的基本光学元件，有凸透镜（正透镜）和凹透镜（负透镜）两大类。

凸透镜可以理解为有两个球冠叠合而成，根据球冠高度可区分为"厚透镜"或

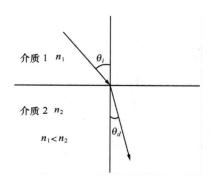

图 2-1　光在两种介质界面的折射

"薄透镜"。两个球冠的叠合面称为透镜的"主平面"。焦点有两个,在物方空间的焦点为"物方焦点",该处的焦平面称"物方焦平面";在像方空间的焦点和焦平面分别称为"像方焦点"和"像方焦平面"。凸透镜成像有以下特点。

①当物体位于透镜物方 2 倍焦距 f 以外时,则在像方 2 倍焦距 f' 以内、焦点以外形成缩小的倒立实像(图 2-2)。

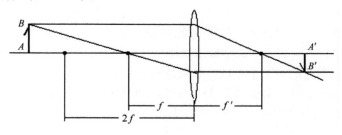

图 2-2　物体在 2 倍焦距外

②当物体位于透镜物方 2 倍焦距 f 上时,则在像方 2 倍焦距 f' 上形成同样大小的倒立实像(图 2-3)。

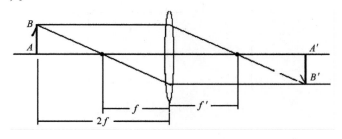

图 2-3　物距等于 2 倍焦距

③当物体位于透镜物方 2 倍焦距 f 以内,焦点以外时,则在像方 2 倍焦距 f' 以外形成放大的倒立实像(图 2-4)。

④当物体位于透镜物方焦点上时,则成像在无穷远(图 2-5)。

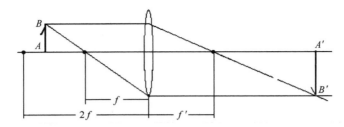

图 2-4　物体在 2 倍焦距内 1 倍焦距外

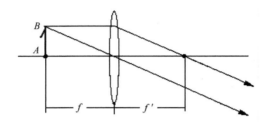

图 2-5　物体在物方焦点处

当物体位于无穷远处时将成像在焦点处，根据光线的可逆性原理，当物体位于透镜物方焦点上时，则成像在无穷远。光学成像规律是近似的，平行光通过凸透镜不是聚于焦点一点，而是在焦点附近的一个小区域。如果像点与焦点相距很近，这时的物距可视作无限远。如取 $v = 1.001f$ 时，由成像公式可求得 $u = 1\,001f$，若 $f = 10$ cm，则 $u = 100$ m；如取 $v = 1.01f$，由成像公式可求得 $u = 101f$，若 $f = 10$ cm，则 $u = 10$ m。

⑤当物体位于透镜物方焦点以内时，则像方无像的形成，而在透镜物方的同侧比物体远的位置形成放大的直立虚像（图 2-6）。

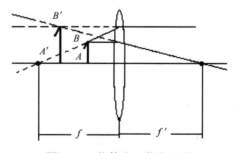

图 2-6　物体在 1 倍焦距内

⑥通过透镜中心的光线（垂直于透镜主平面为主光轴，其余为副光轴）不发生折射。

⑦平行于主光轴的光线汇聚于像方焦点（图 2-7）。

⑧物方焦点发出的光线通过透镜后成为一束平行于主光轴的平行光（图 2-8）。

⑨物距、像距、焦距、放大倍率之间的关系为：$1/L_1$（物距）$+ 1/L_2$（像距）$= 1f$（焦距），β（放大倍率）$= L_2/L_1$。

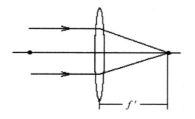 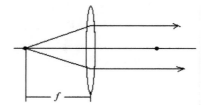

图 2-7 光线平行于光轴入射　　　　图 2-8 光源在物方焦点处

2.2.3 显微镜的基本构成

　　显微镜是用来观测近距离微小物体的光学系统。它是由物镜和目镜组成的，其成像原理如图 2-9 所示。物体 AB 位于物镜的 1 倍焦距和 2 倍焦距之间，经物镜成一放大倒立的实像 A'B' 于目镜的物方焦平面处或很靠近的地方，再经目镜放大成一虚像 A"B"。如果 A'B' 严格位于目镜的物方焦点上，则虚像 A"B" 的位置位于无限远处，也即在任何位置均可观察到清晰的图像。

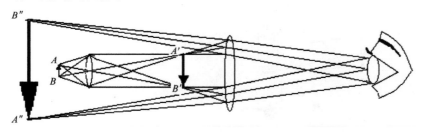

图 2-9 显微镜成像原理

　　图 2-10 是显微镜照片。一台实际的显微镜由三部分组成：一是光学部件，包括目镜、物镜、聚光器、光源（或反光器）；二是机械结构，包括镜筒、弯臂、镜座、载物台；三是调整部分，包括物距的精调、细调机构，光源的调整机构。

　　若接收器不是人的眼睛，而是光电器件（如 CCD），则可以将 CCD 器件置于实像平面 A'B' 处。图 2-11 是一台数码体视显微镜示意图。CCD 安装在显微镜上方。被观察样品置于载物台上，物镜成的像位于 CCD 的光敏面上。

　　显微镜的各光学部件都直接决定和影响成像性能的优劣，现分述如下。

2.2.3.1 物镜

　　物镜是显微镜最重要的光学部件，利用物镜使被检物体第一次成像，因而直接关系和影响成像的质量和各项光学技术参数，物镜的好坏是衡量一台显微镜质量的首要标志。

　　物镜的结构复杂，制作精密，为了校正像差，金属物镜筒内由相隔一定距离并被固定的透镜组组合而成。物镜有许多具体的要求，如合轴、齐焦。齐焦是指在镜检时，当用某一倍率的物镜观察图像清晰后，再转换另一倍率的物镜时，其成像亦应基本清晰，

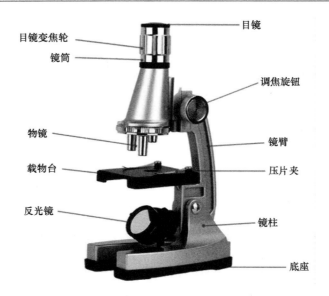

图 2 - 10　显微镜照片

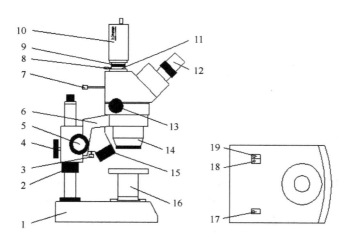

图 2 - 11　数码体视显微镜示意图

1—底座；2—支撑悬臂；3—光源 2 锁紧螺丝；4—悬臂锁紧螺丝；5—焦距调节；6—主体；7—目镜/CCD 转换；8—CCD 锁紧螺丝；9—CCD 接口透镜；10—CCD 相机；11—CCD 接口；12—目镜；13—倍率调节；14—物镜；15—光源 2；16—光源 1、光源调整、载物台；17—主电源开关；18—光源 2 开关；19—光源 1 开关

而且像的中心偏离也应该在一定的范围内，也就是合轴程度。齐焦性能的优劣和合轴程度的高低是显微镜质量的一个重要标志，它与物镜本身的质量和物镜转换器的精度有关。

物镜的种类很多，可从不同的角度分类，下面分别介绍。

根据物镜像差校正的程度进行分类，可分为以下几个方面。

1）消色差物镜（Achromatic objective）

这是常见的物镜，外壳上常有"Ach"字样。这类物镜仅能校正轴上点的位置色差（红、蓝二色）和球差（黄、绿光）以及消除近轴点慧差。不能校正其他色光的色差和球差，且场曲很大。

2）复消色差物镜（Apochromatic objective）

复消色差物镜的结构复杂，透镜采用了特种玻璃或萤石等材料制作而成，物镜的外壳上标有"Apo"字样，这种物镜不仅能校正红、绿、蓝三色光的色差，同时能校正红、蓝二色光的球差。由于对各种像差的校正极为完善，比相应倍率的消色差物镜有更大的数值孔径，这样不仅分辨率高，像质优而且也有更高的有效放大率。因此，复消色差物镜的性能很高，适用于高级研究镜检和显微照像。

3）半复消色差物镜（Semi apochromatic objective）

半复消色差物镜又称氟石物镜，物镜的外壳上标有"FL"字样，在结构上透镜的数目比消色差物镜多，比复消色差物镜少，成像质量上，远较消色差物镜为好，接近于复消色差物镜。平场物镜是在物镜的透镜系统中增加一块半月形的厚透镜，以达到校正场曲的缺陷。平场物镜的视场平坦，更适用于镜检和显微照像。

4）特种物镜

所谓"特种物镜"是在上述物镜的基础上，专门为达到某些特定的观察效果而设计制造的，主要有以下几种。

（1）带校正环物镜（Correction collar objective）

在物镜的中部装有环状的调节环，当转动调节环时，可调节物镜内透镜组之间的距离，从而校正由盖玻片厚度不标准引起的覆盖差。调节环上的刻度可从 0.11 ~ 0.23，在物镜的外壳上也标有此数字，表明可校正盖玻片从 0.11 ~ 0.23 mm 厚度之间的误差。

（2）带虹彩光阑的物镜（Iris diaphragm objective）

在物镜镜筒内的上部装有虹彩光阑，从外面可以旋转调节环，转动时可调节光阑孔径的大小，这种结构的物镜是高级的油浸物镜，它的作用是在暗视场镜检时，往往由于某些原因而使照明光线进入物镜，使视场背景不够黑暗，造成镜检质量的下降。这时调节光阑的大小，使背景变黑，使被检物体更明亮，增强镜检效果。

（3）相衬物镜（Phase contrast objective）

这种物镜是相衬镜检术的专用物镜，其特点是在物镜的后焦平面处装有像板。

（4）无罩物镜（No cover objective）

有些被检物体，如涂抹制片等，上面不能加用盖玻片，这样在镜检时应使用无罩物镜，否则图像质量将明显下降，特别是在高倍镜检时更为明显。这种物镜的外壳上常标刻 NC，同时在盖玻片厚度的位置上没有 0.17 的字样，而标刻着"0"。

（5）长工作距离物镜

这种物镜是倒置显微镜的专用物镜，它是为了满足组织培养，悬浮液等材料的镜检而设计。水下全自动显微图像仪选取长工作距离物镜可以有效地解决深海通光窗口密封问题。图 2 - 12 是 EDMUND OPTICS 公司的一款长工作距离物镜。

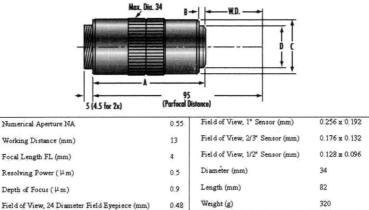

Numerical Aperture NA	0.55	Field of View, 1" Sensor (mm)	0.256 x 0.192
Working Distance (mm)	13	Field of View, 2/3" Sensor (mm)	0.176 x 0.132
Focal Length FL (mm)	4	Field of View, 1/2" Sensor (mm)	0.128 x 0.096
Resolving Power (μm)	0.5	Diameter (mm)	34
Depth of Focus (μm)	0.9	Length (mm)	82
Field of View, 24 Diameter Field Eyepiece (mm)	0.48	Weight (g)	320

图 2 - 12　长工作距离物镜

5）显微物镜的性能指标

（1）数值孔径

显微物镜最重要的光学特性是数值孔径，它影响显微镜的分辨率、像面照度和成像质量。所谓数值孔径就是显微镜物方介质的折射率 n 和物方孔径角 U 正弦之乘积，用符号 NA 来表示。

$$NA = n\sin U \tag{2-1}$$

孔径角是物镜光轴上的物点与物镜前透镜的有效直径形成的夹角（图 2 - 13）。孔径角越大，进入物镜的光通量就越大，它与物镜的有效直径成正比，与焦距成反比。

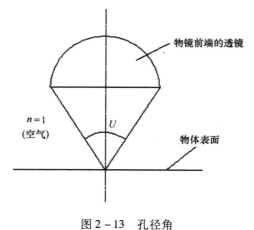

图 2 - 13　孔径角

水浸和油浸物镜就是在不改变物镜的情况下，通过增大物方介质的折射率来增大数值孔径进而增加分辨率。

数值孔径也叫镜口率，是物镜和聚光器的主要参数，与显微镜的分辨率成正比。干燥物镜的数值孔径为 0.05 ~ 0.95，油浸物镜（香柏油）的数值孔径为 1.25。

（2）分辨率

显微物镜的分辨率是以它能够分辨开两点间的最小距离 δ 来表示的，其计算公式如下：

$$\delta = \frac{0.61\lambda}{NA} \qquad (2-2)$$

式中：λ 是照明光源的波长。物镜的分辨率是由物镜的 NA 值和照明光源的波长两个因素决定的。NA 值越大，照明光源波长越短，δ 越小，分辨率越高。分辨率是决定显微镜放大倍率的关键因素，因为只有在分辨率足够的条件下，放大才有意义。

通常情况下，光学透镜的孔径角最大可为 140° ~ 150°，如果使用的物方介质是油类，其 n 值可达 1.5 或更高些，可见光的波长范围为 390 ~ 760 nm，那么可以计算出，光学显微镜能够分辨的物体上的最小细节约为 200 nm，此即光学显微镜的分辨率极限。

为什么光学显微镜存在着分辨率极限？原因在于光的衍射现象。由于衍射，点光源成的像不再是一个点，而是一个衍射斑。衍射斑是由一个中心亮斑和若干明暗交替的圆环组成。

这个衍射图样称为艾里（Airy）斑，其大小用第一暗环的半径描述。当物上两点相距较远时，其艾里斑相隔较远，人眼有足够的分辨能力，并不影响观察。当物上两点相距较近时，艾里斑会发生重叠，当两个相同大小的艾里斑之间的距离恰好是其半径时，重叠处的光强比其中心光强低约 20%，一般认为，人眼对 20% 的光强差是可以分辨的，所以，瑞利就将艾里斑的半径规定为能够分辨两个细节的最小中心距，即光学显微镜的极限分辨率。如图 2 - 14 所示。

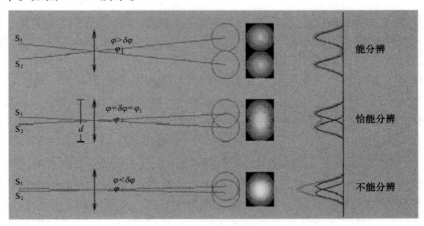

图 2 - 14 光学显微镜的分辨率

当被观测物体本身不发光，依照明条件的不同，分辨率也不同。被其他光源垂直照明时，其分辨率为：

$$\delta = \frac{\lambda}{NA} \qquad (2-3)$$

在斜照明情况下，分辨率为：

$$\delta = \frac{0.5\lambda}{NA} \qquad\qquad (2-4)$$

（3）工作距离

工作距离是指当所观察的标本最清楚时物镜的前端透镜下面到标本的盖玻片上面的距离。物镜的工作距离与物镜的焦距有关，物镜的焦距越长，放大倍数越低，其工作距离越长。例如：10倍物镜上标有10/0.25和160/0.17，其中10为物镜的放大倍数；0.25为数值孔径；160为镜筒长度（单位为mm）；0.17为盖玻片的标准厚度（单位为mm）。10倍物镜有效工作距离大约为6.5mm，40倍物镜有效工作距离大约为0.48mm。

2.2.3.2　目镜

目镜也是显微镜的主要组成部分。它的主要作用是将由物镜放大所得的实像（中间像）再次放大，从而在明视距离处形成一个清晰的虚像。实质上目镜就是一个放大镜。显微镜的分辨能力是由物镜的数值孔径所决定的，而目镜只是起放大作用，物镜已经分辨清楚的细微结构，假如没有经过目镜的再放大，达不到人眼所能分辨的大小，也看不清楚；但物镜所不能分辨的细微结构，虽然经过高倍目镜的再放大，也还是看不清楚，所以目镜只能起放大作用，不会提高显微镜的分辨率。有时虽然物镜能分辨开两个靠得很近的物点，但由于这两个物点的像的距离小于眼睛的分辨距离，还是无法看清。所以，目镜和物镜既相互联系，又彼此制约。

某些目镜（如补偿目镜）除了有放大作用外，还能将物镜造像过程中产生的残余像差予以校正。目镜的构造比物镜简单得多。因为通过目镜的光束接近平行状态，所以球面像差及纵向（轴向）色差不严重。设计时只考虑横向色差（放大色差）。目镜由两部分组成：位于上端的透镜称目透镜，起放大作用；下端的透镜称会聚透镜或场透镜，使映像亮度均匀。在上下透镜的中间或下透镜下端，设有一光栏，测微计、十字玻璃、指针等附件均安装于此。目镜的孔径角很小，故其本身的分辨率甚低，但对物镜的初步映像进行放大已经足够。常用的目镜放大倍数有：8倍、10倍、12.5倍、16倍等多种。

1）目镜类型（按构造形式分）

（1）福根目镜

目镜可以分为正型目镜系和负型目镜系两类。正型目镜的主焦点在场透镜以外，虽然由两个或两个以上的透镜组合而成，但整个光学系统可视为单一的凸透镜，故在适当情况下可单独作为放大镜使用。负型目镜的主焦点是在场透镜以内，即在场透镜与目透镜两个透镜之间，显然不能单独作为放大镜使用。最简单类型的目镜的焦点在两透镜之间，属于"负透镜"。福根目镜是负型目镜系中最简单的一种。它由两块分立的没有经过色差校正的平凸透镜组成：接近人眼的一块称为目透镜，它起放大作用；另一块称为场透镜，它起使映像高度均匀的作用。在两块之间装有一光栏，位于目透镜的前焦点处。福根目镜未进行像差校正，或仅做部分球差校正，仍有一定程度的像差和畸变。其放大倍数一般不超过15倍，适应于配合中、低倍物镜，用作观察或摄影。

（2）雷斯登目镜

雷斯登目镜由两个平凸透镜组成，因其主焦点在下透镜（场透镜）之外，故称正透镜。雷斯登目镜对像场弯曲和畸变有良好的校正，球差也较小，但放大色差比福根目镜差。它除用于观察和摄影外，也可用于放大。

（3）补偿目镜

垂轴色差为 1.5% ~2% 的平场消色差物镜、平场半复消色差物镜、平场复消色差物镜等，都属于垂轴色差校正不足的物镜。这些物镜需要与垂轴色差校正过头的目镜配合使用，故称这种目镜为补偿目镜。补偿目镜具有过度的校正放大色差的特性，以补偿复消色差、半复消色差物镜的残余色差。由于补偿目镜具有一定量的垂轴色差及其放大倍数较高（高达 30 倍），不宜与普通消色差物镜配合使用，宜与复消色差物镜或半复消色差物镜配合使用，以抵消这些物镜的残余色像差。不可与消色差物镜配用，因为有"过正"产生，会使映像产生负向色差。

（4）测微目镜

在目镜中加入一片有刻度的玻璃薄片，用来定量测量，或进行显微压痕长度的测量。根据测量目的可将刻度设计在直线、十字交叉线、方格网、同心圆或其他几何图形上。

（5）摄影目镜

此目镜专门用于摄影或近距离投影，不能用作显微观察或单独放大。其像差校正与补偿目镜基本相同，宜与平面复消色差物镜或半复消色差物镜配用，使在规定放大倍数下具有足够平坦的映像。

（6）广角目镜

一般目镜视场角度在 30° 左右。广角目镜是指视场角在 50° 以上，放大倍数在 12.5 倍以上的平场目镜，视场角在 40° 以上，放大倍数在 10 倍以下的平场目镜。

2）目镜特征

（1）目镜的标记

目镜上刻有如下标记：目镜类别、放大率。例如 10 × 平场目镜刻有 p10 ×。p 表示平场目镜，10 × 表示放大率。一般惠更斯目镜不刻标记。

（2）目镜的放大倍数

目镜放大倍数是有规定的。由于不同系列目镜光学设计不同，所以不能混用。观测用的目镜依其焦距来区分其放大倍率，目镜的焦距越长，数字越多其放大倍率越小，视野也就越大。一般而言焦距在 40 mm 以上，称之为低倍目镜；焦距在 25 ~ 12 mm，称之为中倍目镜；焦距在 12 ~4 mm 称之为高倍目镜。值得注意的是，普通目镜的规格是 24.5 mm，另外还有 3 种大头目镜的规格是 31.7 mm、36.4 mm、50.8 mm，直径变大使目镜玻璃也变大，观看起来就像看大屏幕的电视一样。

目镜的一些性质对光学产品的功能非常重要，需要比较以决定最适合需求的目镜。

（3）入射光瞳的距离设计

目镜的入射光瞳永远不变的被设计在目镜的光学系统之外，它们必须被设计在特定的距离上有优异的性能（即在这个距离上的变形极小）。在显微镜中，入射瞳通常紧靠着物镜的后焦平面，与目镜只有几英寸的距离。显微镜的目镜与望远镜的目镜性质不同，不能互换。

（4）元素和群

每一个独立镜片称为元素，通常是简单的透镜，可以组合成单镜、胶合的双镜或是三合镜。当这些元素被两个或三个黏合在一起时，这种组合就成为群。第一个目镜只是单片的透镜元素，得到的影像有高度的变形。两个或三个元素的设计发明之后，由于改进了影像的品质，很快就成了标准的设计。今天，工程师在计算机协助规划下的设计，以七个或八个元素提供了绝佳的影像。

（5）内部反射和散射

内部反射有时也称为散射，导致穿过目镜的光线不仅分散还降低了目镜产生影像的对比。当影像的效果很差时就会出现"鬼影"，称为幻像。设计时玻璃与玻璃之间制造很小的空气隙，就能有效地改善这个问题。对薄透镜可以采用在元素表面镀膜的方法来解决这个问题。膜层厚度只有一个或两个波长，可以改变通过元素的光线折射来减少反射和散射。有些镀膜可经由全反射的过程吸收这些光线。

（6）侧向色差

色差的产生是因为不同颜色（波长）的光有不同的折射率，当由一种介质到另一种介质时，由于折射角不同产生色差。对目镜而言，色差来自穿越空气和玻璃之间的界面。蓝光和红光在经过目镜之后不能聚焦在同一个焦点上，这种现象对点光源的结果是产生一个围绕着焦点的模糊色环，造成影像模糊不清。有两种方法可以减小色差：一种是通过镀制增透膜来修正色差；另一种较为传统的方法是利用多个不同曲率透镜的组合来消减变形。

（7）焦距

焦距是指平行于光轴的光经过目镜后汇聚的点与目镜主平面的距离。目镜焦距和物镜焦距的组合确定了显微镜的放大倍率。显微镜的目镜通常标示放大倍率而不标焦距。普通目镜的放大倍率有 8 倍、10 倍、15 倍和 20 倍。目镜的焦距可以用明视距离 250 mm 除以放大倍率计算出来。显微镜的角放大率是目镜放大率与物镜放大率的乘积。例如，10 倍的目镜与 40 倍的物镜组合就会得到 400 倍的放大倍数。

（8）视场

视场缩写为 FOV，是经目镜能看见的目标的大小。目镜的视场由视场光阑的大小决定，视场光阑是进入目镜的光线抵达场透镜前所经过的最小孔径。

2.2.3.3　盖玻片、载玻片

盖玻片和载玻片用于承载被观察物体样品，被观察物体在盖玻片与载玻片之间。盖玻片和载玻片的表面应相当平坦，无气泡，无划痕，无色，透明度好，使用前应清洗干净。

盖玻片的标准厚度是 0.17 ± 0.02 mm，如不用盖玻片或盖玻片厚度不合适，都会影响成像质量，造成覆盖差。物镜外壳上标记 0.17，即表明该物镜要求盖玻片的厚度。

载玻片的标准厚度是 1.1 ± 0.04 mm，一般可用范围是 1～1.2 mm，若太厚会影响聚光器效能，太薄则容易破裂。盖玻片和载玻片的表面应相当平坦，无气泡，无划痕。最好选用无色，透明度好的光学玻璃。

2.2.3.4　聚光镜

聚光镜又名聚光器，装在载物台的下方。小型的显微镜往往无聚光镜，在使用数值孔径 0.40 以上的物镜时，则必须具有聚光镜。聚光镜不仅可以弥补光量的不足和适当改变从光源射来的光的性质，而且将光线聚焦于被检物体上，以得到最好的照明效果。聚光镜的结构有多种，根据物镜数值孔径的大小，对聚光镜的要求也不同。

（1）阿贝聚光镜（Abbe condenser）

这是由德国光学大师恩斯特·阿贝（Ernst Abbe）设计。阿贝聚光镜由两片透镜组成，有较好的聚光能力，但是在物镜数值孔径高于 0.60 时，色差、球差就显示出来。因此，多用于普通显微镜上。

（2）消色差聚光镜（Achromatic aplanatic condenser）

这种聚光镜又名"消色差消球差聚光镜"或"齐明聚光镜"。它由一系列透镜组成，它对色差球差的校正程度很高，能得到理想的图像，是明场镜检中质量最高的一种聚光镜，其 NA 值达 1.4。因此，在高级研究显微镜常配有此种聚光镜。它不适用于 4 倍以下的低倍物镜，否则照明光源不能充满整个视场。

（3）摇出式聚光镜（Swing out condenser）

在使用低倍物镜（如 4 倍）时，由于视场大，光源所形成的光锥不能充满整个视场，造成视场边缘部分黑暗，只中央部分被照亮。要使视场充满照明，就需将聚光镜的上透镜从光路中摇出。

（4）其他聚光镜

聚光镜除上述明场使用的类型外，还有作特殊用途的聚光镜，如暗视野聚光镜，相衬聚光镜，偏光聚光镜，微分干涉聚光镜等。以上聚光镜分别适用于相应的观察方式。

2.2.3.5　显微镜的照明装置

在一个成像系统中，采用合适的照明，会大幅度改善分辨率和对比度。事实上，在追求高品质图像时，使用一个良好的照明，往往比更换高分辨率镜头、高分辨率探测器以及软件更有用。

合适的照明可收到事半功倍的效果，而采取不正确的照明方式则有可能给成像系统带来许多麻烦。比如，在图像的重要部分形成阴影，导致丢失数据。在颗粒测量中，阴影也可以引起虚边，导致测量错误。而且照明情况差会引起信噪比降低。照明光源不均匀也会损坏信噪比，甚至导致阈值发生错误。

在设计一个系统的时候，为了优化照明条件，要认清楚恰当的元件起的作用，每一个元件都会影响一部分传感器的入射角，因此也会影响系统的成像质量。镜头的光阑可控制系统的通光量。照明应该随着镜头光阑的缩小而增大，高倍镜头通常需要更好的照明，因为面积越小反射到镜头的光就越少。在决定系统的通光量时镜头的最低照明灵敏度也很重要。另外，快门速度等也会影响灵敏度。

由于被测样品的形状不同、材质不同反射率不同，光线通过不同的目标物后会有不同的目标特征。目标物的颜色、表面形状均需在实际应用中特别注意。

显微镜的照明方法按其照明光束的形成，可分为"透射式照明"和"落射式照明"

两大类。前者适用于透明或半透明的被检物体，绝大多数生物显微镜属于此类照明法；后者则适用于非透明的被检物体，光源来自上方，又称"反射式或落射式照明"。主要应用于金相显微镜或荧光镜检法。

1）透射式照明

透射式照明法分中心照明和斜射照明两种形式。

（1）中心照明

这是最常用的透射式照明法，其特点是照明光束的中轴与显微镜的光轴同在一条直线上。它又分为"临界照明"和"柯勒照明"两种。

①临界照明（Critical illumination）是普通的照明法。这种照明的特点是光源经聚光镜后成像在被检物体上，光束狭而强，这是它的优点。但是光源的灯丝像与被检物体的平面重合，这样就造成被检物体的照明呈现出不均匀性，在有灯丝的部分则明亮；无灯丝的部分则暗淡，不仅影响成像的质量，更不适合显微照相，这是临界照明的主要缺陷。其补救的方法是在光源的前方放置乳白和吸热滤色片，使照明变得较为均匀和避免光源的长时间的照射而损伤被检物体。

②柯勒照明克服了临界照明的缺点，是研究用显微镜中的理想照明法。这种照明法不仅观察效果佳，而且是成功地进行显微照相所必须的一种照明法。光源的灯丝经聚光镜及可变视场光阑后，灯丝像第一次落在聚光镜孔径的平面处，聚光镜又将该处的后焦点平面处形成第二次的灯丝像。这样在被检物体的平面处没有灯丝像的形成，不影响观察，并使照明变得均匀。观察时，可改变聚光镜孔径光阑的大小，使光源充满不同物镜的入射光瞳，而使聚光镜的数值孔径与物镜的数值孔径匹配。同时聚光镜又将视场光阑成像在被检物体的平面处，改变视场光阑的大小可控制照明范围。此外，这种照明的热焦点不在被检物体的平面处，即使长时间的照明，也不致损伤被检物体。

（2）斜射照明

这种照明光束的中轴与显微镜的光轴不在一条直线上，而是与光轴形成一定的角度斜照在物体上，因此成斜射照明（相衬显微术和暗视野显微术就是斜射照明）。在通常的阿贝集光器下面，加一个环形光阑，将中间光线遮住，仅使边缘光线进入集光器，由于光线没有直接进入物镜，因此视场背景是暗的，可以用于数码显微镜做透明物体的暗视场观察。这种照明对于线形或点形，细微结构透明体观察，如矽藻壳皮、动植物的各种组织、血液和含有细菌的液体等有较好的效果。

（3）落射式照明

对于非透明体光线不能透射，这时只能从侧面斜射照亮标本。当用低倍物镜时，有一定的工作距离，可以从上边或旁边照射被观察物的表面，使漫射光进入物镜，这时不能用盖玻片，否则规则的反射光将进入物镜影响观察。因为是单向侧面照明，这样被观察的标本可能有些变形。为了纠正这一缺点，还可以把物镜放在环形光束中，采用全向照明。

这种照明的光束来自物体的上方通过物镜后射到被检物体上，这样物镜又起着聚光镜的作用。这种照明法是适用于非透明物体，如金属、矿物等。

2.2.3.6　镜筒

镜筒上端放置目镜，下端连接物镜转换器，分为固定式和可调节式两种。机械筒长（从目镜管上缘到物镜转换器螺旋口下端的距离称为镜筒长度或机械筒长）不能变更的叫做固定式镜筒，能变更的叫做调节式镜筒。新式显微镜大多采用固定式镜筒，国产显微镜也大多采用固定式镜筒，国产显微镜的机械筒长通常是 160 mm。

安装目镜的镜筒，有单筒和双筒两种。单筒又可分为直立式和倾斜式两种，双筒则都是倾斜式的。其中双筒显微镜，两眼可同时观察以减轻眼睛的疲劳。双筒之间的距离可以调节，而且其中有一个目镜有屈光度调节（即视力调节）装置，便于两眼视力不同的观察者使用。

2.2.3.7　齐焦距离

齐焦距离是指对准焦点时的物镜镜体定位面到物体表面的距离。OLYMPUS UIS2/UIS 光学系统物镜的齐焦距离为 45 mm，ZEISS ICCS 光学体统、LEICA HC 光学系统的齐焦距离也是 45 mm，NIKON CFI 60 光学系统的齐焦距离是 60 mm（图 2 – 15）。

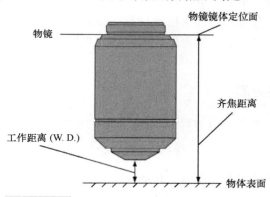

图 2 – 15　齐焦距离示意图

2.2.3.8　显微镜的光轴调节

在显微镜的光学系统中，光源、聚光镜、物镜和目镜的光轴以及光阑的中心必须与显微镜的光轴同在一条直线上，所以在镜检前必须进行显微镜光轴的调节，否则不能达到最佳观察效果。

（1）光源灯丝调节

旧式显微镜需要调节灯泡的位置。目前的新型显微镜的光源已经进行了预定心设置，所以不需要调整。

（2）聚光镜的中心调整

实际上显微镜光轴的调整的重点即是聚光镜的位置调整。首先将视场光阑缩小，用 10 倍物镜观察，在视场内可见到视场光阑的轮廓，如果不在中央，则利用聚光镜外侧的两个调整螺钉将其调至中央部分，当缓慢地增大视场光阑时，能看到光束向视场周缘均匀展开直至视场光阑的轮廓像完全与视场边缘内接，说明已经和轴。和轴后再略为增大视场光阑,使轮廓像刚好处于视场外切或略大。

(3) 孔径光阑的调节

孔径光阑安装在聚光镜内,研究用显微镜的聚光镜,其外侧边缘上都有刻数及定位记号,这样便于调节聚光镜与物镜的数值孔径相匹配,原则上说更换物镜时需调整聚光镜的数值孔径,一般物镜的数值孔径乘以0.6或0.8就是聚光镜的数值孔径。

2.2.4　显微镜的放大率

对于普通显微镜,放大倍数是指眼睛看到像的大小与对应标本大小的比值。它指的是长度的比值而不是面积的比值。例如:放大倍数为100倍,指的是长度是1 μm 的标本,放大后像的长度是100 μm,要是以面积计算,则放大了10 000倍。

2.2.5　焦深

焦深为焦点深度的简称。在使用显微镜时,当对准被观察物体时,不仅位于该平面上的各点都可以看清楚,而且在此平面的上下一定厚度范围内,都能得到清晰图像,这个厚度范围就是焦深。焦深与总放大倍率以及物镜的数值孔径成反比,焦深大,可以看到被检测物体的立体方向大,分辨率低;焦深小,可以看到被检测物体的立体方向小,分辨率高。

2.2.6　视场与视场光阑

对于数字显微镜,如果是由物镜接CCD构成,视场由下式计算:

$$视场 = \frac{CCD 尺寸}{物镜倍率} \tag{2-5}$$

对于1/4″CCD,芯片水平长度为3.6 mm:

$$视场 = \frac{3.6 \ mm}{10} = 0.36 \ mm \tag{2-6}$$

对于1/2″CCD,芯片水平长度为6.4 mm:

$$视场 = \frac{6.4 \ mm}{10} = 0.64 \ mm \tag{2-7}$$

对于2/3″CCD,芯片水平长度为8.53 mm:

$$视场 = \frac{8.53 \ mm}{10} = 0.853 \ mm \tag{2-8}$$

如果数字显微镜由物目镜和CCD构成,视场由下式计算:

$$视场 = \frac{CCD 尺寸}{物镜与目镜组成的显微镜倍率} \tag{2-9}$$

普通显微镜的视场:

$$视场 = \frac{目镜的视场(视场数)}{物镜倍率} \tag{2-10}$$

2.2.7　显微物镜的像差

（1）色差

色差是透镜成像的一个严重缺陷，发生在多色光为光源的情况下，单色光不产生色差。白光由红、橙、黄、绿、青、蓝、紫 七种颜色组成，各种光的波长不同 ，所以在通过透镜时的折射率也不同，这样物方一个点，在像方则可能形成一个色斑。色差一般有位置色差和放大率色差。位置色差使像在任何位置观察，都带有色斑或晕环，使像模糊不清。而放大率色差使像带有彩色边缘。

（2）球差

球差是轴上点的单色像差，是由于透镜的球形表面造成的。球差造成的结果是，一个点成像后，不再是个亮点，而是一个中间亮、边缘逐渐模糊的亮斑。从而影响成像质量。球差的矫正常利用透镜组合来消除，由于凸、凹透镜的球差是相反的，可选配不同材料的凸凹透镜胶合起来给予消除。旧型号显微镜，物镜的球差没有完全矫正，应与相应的补偿目镜配合，才能达到纠正效果。一般新型显微镜的球差完全由物镜消除。

（3）彗差

彗差属轴外点的单色像差。轴外物点以大孔径光束成像时，发出的光束通过透镜后，不再相交一点，则一光点的像便会得到一逗点状，形如彗星，故称"彗差"。

（4）像散

像散也是影响清晰度的轴外点单色像差。当视场很大时，边缘上的物点离光轴远，光束倾斜大，经透镜后则引起像散。像散使原来的物点在成像后变成两个分离并且相互垂直的短线，在理想像平面上综合后，形成一个椭圆形的斑点。像散是通过复杂的透镜组合来消除。

（5）场曲

场曲又称"像场弯曲"。当透镜存在场曲时，整个光束的交点不与理想像点重合，虽然在每个特定点都能得到清晰的像点，但整个像平面则是一个曲面。这样在镜检时不能同时看清整个像面，给观察和照相造成困难。因此研究用显微镜的物镜一般都是平场物镜，这种物镜已经矫正了场曲。

（6）畸变

前面所说各种像差除场曲外，都影响像的清晰度。畸变是另一种性质的像差，光束的同心性不受到破坏。因此，不影响像的清晰度，但使像与原物体比，在形状上造成失真。

（7）眩光（Glare）

通常被用来描述明亮的阳光海滩或是积雪的山顶这样的一种环境状况。1984 年北美照明工程学会对眩光的定义为：在视野内由于远大于眼睛可适应的照明而引起的烦恼、不适或丧失视觉表现的感觉。眩光的光源分为直接的（如太阳光、太强的灯光等）和间接的［如来自光滑物体表面（高速公路路面或水面等）］的反光。根据眩光产生的后果主要归结为三种类型：一是不适型眩光；二是光适应型眩光；三是丧能型眩光。

（8）覆盖差

显微镜的光学系统也包括盖玻片在内。由于盖玻片的厚度不标准，光线从盖玻片进入空气产生折射后的光路发生了改变，从而产生了像差，这就是覆盖差。覆盖差的产生影响了显微镜的成像质量。

2.2.8　物镜与目镜的搭配

在选配物镜和目镜时，主要考虑两个问题：第一，类别上的匹配。即所有的平场物镜，都要与特制的平场目镜配合使用；第二，放大倍数的合理匹配。在一定的放大倍率下，物镜和目镜可任意组合，但其组合的前提，主要是考虑有效放大率，这是正确使用显微镜的一个重要法则。显微镜的有效放大率为所用物镜数值孔径的 500～1 000 倍，即物镜和目镜的放大倍数的乘积等于该物镜数值孔径的 500～1 000 倍。

例如，数值孔径为 0.65 的 40 倍物镜，应选目镜的放大倍率可依据有效放大率求出有效总倍数，再除以 40，即为应选择目镜的倍数。计算过程为：（0.65 × 500～0.65 × 1 000）÷40≈8～16。也就是说，数值孔径为 0.65 的物镜，在有效放大率（500～1 000 倍）的范围内应选用 8～16 倍的目镜与之匹配。如果目镜倍数太低，总放大倍数太小，物镜的分辨率不能充分发挥，本来可以辨认的细节，由于总放大倍数太小，挤在一起难以分辨。

2.2.9　数字显微镜

随着现代生物技术的发展和人们对显微镜要求的提高，单一的光学显微成像系统已经远远不能满足人们对显微摄影的要求。数码显微镜的面市，标志着光学显微镜从此进入到一个新的数码时代。数码显微镜不仅结合了光学显微镜良好的成像特点，更将其与先进的光电转换技术、液晶屏幕技术完美地结合，使显微镜在具有显微观察本领的同时，更实现了显微图像的数字化存储和传输。

然而，数码显微镜高昂的成本并没有使其得到广泛的应用，一种新型的显微数码产品——显微数字摄像头也随之产生。显微数字摄像头作为一种专用的显微数字相机，能够方便地链接到任意的显微镜上，实现光学显微镜向数码显微镜的转化。

作为光学显微镜的必备配件，显微数字摄像头根据不同的需要分为很多个不同的等级，有的适合对图像的要求比较高的，有的适合一般化的需求。作为一种方便快捷的显微摄像系统，显微数字摄像头得到了广泛应用。

对于利用 CCD 成像的数字显微镜，为了充分利用物镜的分辨率，使已被物镜分开的细节也能被 CCD 器件分辨，显微镜要有足够大的放大倍率。设 CCD 器件分辨的线距离为 δ'，并取显微物镜的分辨率为 $\dfrac{0.5\lambda}{NA}$，则二者之间的关系为：

$$\delta' = \frac{0.5\lambda}{NA} \cdot \beta \qquad\qquad (2-11)$$

或

$$\beta = \frac{2NA}{\lambda} \cdot \delta' \qquad\qquad (2-12)$$

式中：β 为放大率。

由此式可见，对一定波长的光，当 CCD 器件的分辨率已知时，显微物镜的放大率取决于物镜的分辨率或者说取决于物镜的数值孔径。在 CCD 实际应用中，常常将放大率取得更高些。若使用式（2－12）确定的放大率还小时，则被物镜分开的细节不能被 CCD 器件分辨。

显微物镜的放大倍率与数值孔径是相匹配的，见表 2－1。

表 2－1　显微物镜的放大倍率与数值孔径

最小数值孔径　　　分类	放大率												代号
	1.6	2.5	4	6.3	10	16	25	40	50	63	80	100 油浸	
消色差物镜	—	—	0.10	—	0.22	—	0.40	0.65	—	0.85		1.25	—
平场消色差物镜	0.04	0.07	0.10	0.15	0.22	0.32	0.40	0.65	0.75	0.85	0.95	1.25	PC
平场半复消色差物镜	—	—		0.20	0.30	0.40	0.60	0.75		0.90		1.30	PB
平场复消色差物镜	—	—	0.16	0.20	0.30	0.40	0.65	0.80		0.95		1.30	PF

在显微系统中，物镜框为孔径光阑。当由多组透镜组成的复杂物镜，通常以最后一组透镜框为孔径光阑。对测量用的显微系统，一般孔径光阑设在物镜的像方焦平面处，形成物方远心光路，以提高测量精度。

CCD 器件的尺寸（$2y'$）的大小决定了成像范围的大小，其与显微镜物方线视场 $2y$ 的关系为：

$$\beta = \frac{2y'}{2y} \qquad (2-13)$$

常用的 CCD 或 COMS 有 1 in[①]、2/3 in、1/2 in、1/3 in、1/4 in 这 5 个尺寸。

实际尺寸如下：

1——靶面尺寸为宽 12.7 mm×高 9.6 mm，对角线长 16 mm；

2/3——靶面尺寸为宽 8.8 mm×高 6.6 mm，对角线长 11 mm；

1/2——靶面尺寸为宽 6.4 mm×高 4.8 mm，对角线长 8 mm；

1/3——靶面尺寸为宽 4.8 mm×高 3.6 mm，对角线长 6 mm；

1/4——靶面尺寸为宽 3.2 mm×高 2.4 mm，对角线长 4 mm。

2.2.9.1　数码显微镜及数码成像系统的几个基本概念

（1）数字视频

数字视频就是先用摄像机之类的视频捕捉设备，将外界影像的颜色和亮度信息转变为电信号，再记录到储存介质。

（2）摄像机

摄像机是机器视觉系统中的一个关键组件，其最本质的功能就是将光信号转变成为

---

① in（英寸）为非法定计量单位，1 in＝2.54 cm。

有序的电信号。选择合适的摄像机也是机器视觉系统设计中的重要环节，摄像机不仅是直接决定所采集到的图像分辨率、图像质量等，同时也与整个系统的运行模式直接相关。

（3）分辨率（Resolution）

摄像机每次采集图像的像素点数（Pixels），对于数字摄像机一般是直接与光电传感器的像元数对应的，对于模拟摄像机则是取决于视频制式，PAL 制为 768 × 576，NT-SC 制为 640 × 480。

（4）像素深度（Pixel Depth）

即每像素数据的位数，一般常用的是 8 Bit，对于数字摄像机一般还会有 10 Bit、12 Bit 等。

（5）最大帧率（Frame Rate）/行频（Line Rate）

摄像机采集传输图像的速率，对于面阵摄像机一般为每秒采集的帧数（Frames/Sec.），对于线阵摄像机为每秒采集的行数（Hz）。

（6）曝光方式（Exposure）和快门速度（Shutter）

对于线阵摄像机都是逐行曝光的方式，可以选择固定行频和外触发同步的采集方式，曝光时间可以与行周期一致，也可以设定一个固定的时间；面阵摄像机有帧曝光、场曝光和滚动行曝光等几种常见方式。数字摄像机一般都提供外触发采图的功能。快门速度一般可到 10 μs，高速摄像机还可以更快。

特别指出的是，对于拍摄运动物体，胶片相机和数码相机的不同在于，胶片相机只要曝光时间足够短，就可以拍摄高速运动的物体，感光时间可以忽略不计，也就是说，清楚拍摄运动物体的运动速度决定于曝光速度。曝光速度可以通过提高快门速度或者频闪照明来解决。数字成像则不同，光有高的曝光速度还不够，还要有足够高的帧速率，这与数字成像原理有关，CCD 感光之后，要经 A/D 转换逐行扫描输出图像，这一过程限制了成像速度，因此，成为拍摄运动物体时能否清晰成像的决定因素。

（7）像元尺寸（Pixel Size）

像元大小和像元数（分辨率）共同决定了摄像机靶面的大小。目前数字摄像机像元尺寸一般为 3 ~ 10 μm。

（8）光谱响应特性（Spectral Range）

光谱响应特性指该像元传感器对不同光波的敏感特性，一般响应范围是 350 ~ 1 000 nm，一些摄像机在靶面前加了一个滤镜，滤除红外光线，如果系统需要对红外感光时可去掉该滤镜。

（9）靶面尺寸

靶面尺寸指摄像机感光芯片大小，如果感光芯片用 CCD，靶面尺寸即前述 CCD 器件的尺寸。靶面尺寸越小，视场范围越小。

2.2.9.2　显微镜摄像头与数码相机谁更适合显微照相

很多人认为民用数码相机分辨率高，价格低，比数码摄像头更合适显微图像成像，这其实是误解，决定显微成像质量的因素有多种，分辨率只是其中的一个参数，另外还有灵敏度、电子噪声等一系列因素影响着成像质量。数字摄像头和数码相机芯片一般大小相当，都在 1/2 in 左右，也就是说数字摄像头与数码相机的感光面积基本相同。但在深度分辨率上，数字摄像头的表现就比数码相机要优异得多。如果说数字摄像头能够分出 1 000 个灰度等级，那么数码相机只能够识别不到 100 个等级。数码相机的高分辨率有些是由真实图像插值得出的，因此数码相机往往不能反映图像的细节。而数字摄像头的分辨率是真实的分辨率，组成图像的每个点都是真实存在的。我们曾多次用 1 000 万像素民用数码相机与 200 万像素的专业数码成像装置拍摄同一个样品，结果几乎是 1 000 万像素民用数码相机拍摄出来的图像质量明显低于 200 万像素的专业数码摄像装置。

　　一般民用数码相机上有不可拆卸的镜头，这些镜头一般是针对拍摄宏观物体设计的，如果要拍摄显微图像，需要转接一套数码相机与显微镜相连接的延迟镜，这样经过一系列的镜头转换，最后拍摄显微图像的畸变是必然存在的，有些时候这些畸变还非常明显。而专业数码成像装置的感光芯片直接连接显微镜上成像，中间没有附加镜头，最大限度减少了光路损失与光学畸变，所以虽然民用数码相机能拍摄到高分辨率的图像，但这些图像往往不够锐利，有些蒙蒙的像有一层雾在上面，而用专业数码摄像头则更容易拍摄到清晰的显微图像。

　　实际在专业显微成像领域，很多时候并不需要很高的图像分辨率，因为专业图像大都通过电脑拍摄显示，而一般电脑显示器的最大分辨率为 80 万～200 万像素，太高分辨率显示器不能展示，所以显微图像在 130 万～500 万像素就能较好满足观察需要，即使是冲印也能得到清晰的相片。

2.2.9.3　数码显微镜拍摄显微图像时需注意的问题

　　数码显微镜是以摄像头作为接收元件的显微镜，在显微镜的实像面处装入摄像头，通过这种光电器件把光学图像转换成电信号的图像，然后对之进行尺寸检测，颗粒计数等工作，数码显微镜并可以与计算机联用实现同步预览。数码显微镜一般分为两大类：一类是专业数码显微镜，是摄像头安装到了显微镜的内部，与显微镜连为了一体；另一类是在显微镜的外部加入一个成像系统，使原有的普通显微镜改装成数码显微镜。需要的外设是数码相机、数字摄像头、模拟摄像头还要有与之相连的适配镜。

　　目前在使用数码相机拍摄显微图像时大部分用的是数码型数码相机（如 Nikon 单反相机 G7、佳能 A650 等），即相机镜头不可拆卸的相机。这样就需要在显微镜和相机镜头之间加一个中间镜头，使显微图像成像在相机的焦面上，称其为中继镜。

　　这个镜头质量的好坏直接影响到拍摄到的显微图像的质量。鉴于目前对中继镜没有统一的检验标准，且使用者和生产者之间也没有共识，很难鉴别好坏。因此出现了许多制造者，市场上的中继镜鱼龙混杂，良莠不齐。根据我们多年从事显微镜工作及对数码摄影的经验，并比较了国内外各种中继镜拍摄的图片，总结出几点鉴别中继镜优劣的方法，供大家参考。

　　（1）图像尺寸

　　一般认为中继镜加上去只要图像能充满相机的 LCD 屏幕就是成功了，就是一个合格的中继镜了。中继镜能充满屏幕只是一个最低标准，而有的要把相机的光学变焦用完才能使屏幕充满，这样的中继镜的光学系统是有缺陷的。

（2）图像色彩的还原

拍摄显微图像色彩的还原性也是检验中继镜的一个标准。一个合格的中继镜要求拍出来的图像色彩和显微镜观察到的图像色彩保持一致。

（3）图像的景深

会摄影的人都知道，拍摄一个图像要有一定的景深（艺术照例外）。我们在观察显微图像时都会有一定的层次感。一个合格的中继镜要有不小于显微镜物镜的景深。

（4）图像的锐度

这是检验中继镜的最重要的指标。所谓"锐度"就是我们通常所说的分辨率，这个指标的高低直接影响到拍摄到的显微图像的质量。

总之，鉴别一个中继镜的最终标准就是要保证用数码相机拍摄出来的图像和在显微镜中所观察到的图像质量在最大程度上保持一致。

2.2.9.4　关于 CCD 分辨率与显微镜分辨率的关系

CCD 用于宽场成像时，二维成像系统的分辨率不仅与光学分辨率有关，还与 CCD 的单个物理像素大小有关。光学横向分辨率由公式 $0.61\ \lambda/NA$ 计算可知约为 200 nm，即可分辨的两个点横向空间距离不得小于 200 nm。假如用 100 倍物镜，可分辨的两个点空间距离则为 20 μm。用 CCD 成像，不难理解，若想分辨这两个点，每个物理像素不能大于 20 μm，但实际情况是由于不能控制两个像点投射在靶面的位置，因此一般采用"倍频"原则，每个像素大小为对应物镜光学分辨率的一半，即选用 100 倍物镜下 10 μm 大小的像素就可与光学分辨率极限匹配。这样不管像点投射在何处，CCD 也可以分辨。因此，原则讲数码成像时单个物理像素越小，空间分辨率越高，但不能无限小，否则导致量子效率、满井容量都会降低，反而不利于成像，需要一个合理的折中值。

以 Andor 公司 DU - 897 型 EMCCD 为例，单个物理像素大小为 16 μm × 16 μm，在 100 倍物镜下只能说基本与光学分辨率匹配。根据"水桶原理"可知，此时空间分辨率已经不再受限于光学分辨率，而是被单个物理像素大小所决定。目前市场上的数码相机单个物理像素基本都是在 10 um 以下的，所以 100 倍物镜下，数码相机分辨率肯定是够用了。

需要说明的是，单纯地强调数码相机有多少万像素没有意义，与分辨率没有直接关系，只能说在 CCD 成像面积一定的情况下，像素越多，分辨率越高。因此，判断数码相机分辨率好坏的最关键指标还是单个物理像素的大小，此时像素越多，说明获得的空间信息量越大，简单说可拍"大"照片。

2.2.10　显微镜接口

显微镜接口是连接显微镜和数码设备所必需的设备，它不仅只是起连接作用，还对显微镜所成的图像真实地显示在显示器上起着至关重要的作用。由于光学成像是一个很复杂的过程，数码接口对光的补偿、透过率、色散、平衡、强弱等都有很大的影响，对图像的矫正、补偿都起了很大的作用，所以数码显微接口对真实图像的分析也是一个重要的环节。

数码显微接口除了常见的 1 倍接口以外,还有 0.5 倍和 0.63 倍两种接口可提供选择。适配器的选择与显微镜的一个重要参数——视场数相关。

视场数(FN)是透过目镜可观察到的视场的直径(mm)。标本在显微镜下实际能被观察到的圆形区域的直径称为物方视场。物方视场等于视场数除以物镜的放大倍数。由于人眼直径约 1 in(25.4 mm),所以目镜的视场数有 18 mm、20 mm、22 mm、26.5 mm 等。

但是,由于常用的摄像头芯片的尺寸普遍为 1/3 in 和 1/2 in,因此其视野范围也相对目镜观察而言比较小。这也导致了客户使用 1 倍接口接摄像头时反映摄像头的采集信息量比较小。针对这一问题,我们推荐客户使用 0.5 倍和 0.63 倍显微镜 C 接口。通过 0.5 倍的接口,将摄像头采集图像缩小 1/2,相当于 $1 \times 0.5 = 1/2$(in)。在这种情况下,1/2(in)芯片的摄像头采集的图像大小,与目镜中观测到的图像大小类似。

目前国内很多数码显示接口,只考虑了成像关系,而没有考虑色差、场曲、畸变等因素,自然拍出的图像就有各种问题了,如彩色边缘是色差没有校正好,中间清楚边缘模糊是没有做平场校正,直线不直则是有场曲的原因了。而拍摄图像大部分是为了做测量,由于存在以上的问题,会对测量有影响,特别是在做高倍测量时,影响会很大。

2.3 数字显微镜用于悬浮颗粒测量要解决的特殊问题

通过对显微镜和数字显微镜的搜索归纳,对显微镜的成像问题有了全面的了解,问题是如果将数字显微镜用于水中现场测量,就必须解决海洋现场应用的一些特殊问题,例如:显微镜观察过程中人工参与部分的自动化,包括载玻片制作自动化,照明自动化,拍照自动化等;还有就是仪器的结构设计要适合现场条件、光学和电子学部分以及运动部件要密封、防止进水。为了满足测量范围的需要,显微光学系统的分辨率、视场、工作距离、照明光源都要适合现场应用,诸如此类的问题就是现场显微颗粒图像分析仪的特殊问题。这些问题的解决也是项目的创新点。

第3章 方案设计

　　方案设计是一个分析总结、创新提高的过程。在确定了原理方法之后，根据仪器要求，对技术指标进行论证，分析各种影响仪器测量结果的因素，设计可以实施的仪器组成原理框图以及时序逻辑关系。原理框图以及时序逻辑关系是在综合分析基础上的创新点；技术指标的论证和各种影响仪器测量结果的因素是方案设计阶段需要重点信息查询的部分，通过信息查询，使仪器指标与使用环境相匹配，使仪器的可用性更强；在原理可行的前提下，尽量地提高仪器的实用指标。

3.1　悬浮颗粒图像仪简介

　　实验室用的颗粒图像分析仪，用于海洋现场悬浮颗粒测量，需要将测量过程中人工参与部分实现自动化。这些部分也是仪器的创新部分，包括采样自动化、定时自动拍照、水密问题、照明光源等。

　　图 3 – 1 是悬浮颗粒图像仪原理图和仪器照片。

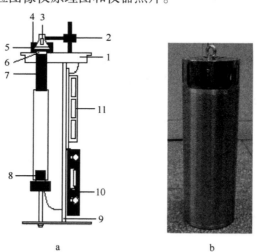

a　　　　　　　　　　b

图 3 – 1　悬浮颗粒图像仪

图 3 – 1a 为水下机结构图；图 3 – 1b 为样机照片

1—端盖；2—升降机构；3—LED 光源；4—环形密封罩；5—动片；6—定片；7—长距离显微物镜；8—CCD 数字目镜；9—安装架；10—微处理器；11—电池盒

　　水下机为圆柱形结构，由与端安装盖 1 连在一起的并固定在端盖 1 上方的由升降机构 2、LED 光源 3、环形密封罩 4、动片 5 组成的自动采样装置；固定在端盖 1 上的定片 6；固定在端盖 1 下方的安装架 7 以及固定在安装架 9 上的长距离物镜 7、数字目镜 8、固定在安装架 9 上的微处理器 10、电池盒 11、插入圆柱套筒 12 机壳内构成。

　　悬浮颗粒图像仪采用升降机构 2 将安装有 LED 光源 3、动片 5 的采样装置提起，海水进入动片 5 和定片 6 之间，升降机构 2 带动采样器落下，将一部分海水密封在动片 5 和定片 6 之间，LED 光源 3 照亮被测水体中的悬浮颗粒，长距离显微物镜 7 将颗粒的像成在数字目镜 8 的光敏面上，拍摄颗粒像。拍摄的图像储存在微处理器 10 的内置存储器中，通过无线传输方式传送到分析用终端计算机，由计算机分析处理，获得海水中悬浮颗粒的大小和浓度。

　　悬浮颗粒图像仪的创新之一就是发明了自动采样装置，实现了无人工参与的观察样本制作，取代了实验室中利用载玻片、盖玻片制作样本的过程。

3.2　技术指标论证

　　技术指标论证是建立在两个基础之上：其一，仔细地查询现场悬浮颗粒物的特点，包括悬浮颗粒种类、大小、浓度、流速、水深、标准测量方法；其二，详细地查询采用方法的测量范围、使用范围，使之与应用相适应。

3.2.1　技术指标

　　表 3-1 中列出的是经过查询后确定的仪器技术指标。

表 3-1　仪器技术指标

项目	指标	备注
粒径测量范围	2.5 ~ 100 μm	
中值粒径偏差（重复性）	±1%	对标准颗粒
浓度测量范围	20 ~ 1 500 μL/L	
浓度测量准确度	±20%	
仪器工作形式	自容式	
最大工作水深	自容式 300 m	
数据输出格式	JPG 图像	
数据处理	图像分析软件，电子文档测试报告	
可靠性	MTBF≥800 h	

　　建立在查询基础上的技术指标论证如下。

3.2.1.1　粒径测量范围

　　粒径测量范围的确定主要根据悬浮颗粒粒径分布、数字显微镜的分辨率和视场来确定。如果选 10 倍的显微物镜，像素尺寸为 6 μm 的 CCD 目镜，可满足 1 ~ 100 μm 粒径的测量。

3.2.1.2　中值粒径偏差

中值粒径偏差是指与标准颗粒的标称值相比之差，标准颗粒在 1 ~ 100 μm 范围内的误差在 1% 左右，为了便于误差检测，定为 1%。

3.2.1.3　浓度测量范围

"悬浮颗粒图像仪"采用的是数字图像分析原理，其测量范围由以下因素决定：采样厚度、物镜倍率（决定粒径测量范围）和视场以及视场内无遮挡情况下允许的最大颗粒数（决定测量浓度）和最小颗粒数。

每一幅图保证出现 1 个颗粒时的颗粒浓度，可作为测量水体颗粒浓度下限。该值可由下式计算：

$$\rho_{\min} = \frac{V_n}{V} \tag{3-1}$$

式中：$\rho_{\min}$ 是可测量的水体颗粒浓度下限；V_n 是视场内单个颗粒的体积；V 是测量水体的体积。

设采样体积内的颗粒沉降后，全部落在定片的表面上，当其刚好布满且没有重叠，此时，颗粒的总数即为浓度测量的上限。很显然，浓度测量上限与颗粒粒径有关，粒径越小，测量上限颗粒数越多。

采样体积为：$1 \times 1 \times 0.1$（mm^3）

采样水体内 5 μm 测量上限颗粒数 $N = 40\ 000$；

采样水体内 10 μm 测量上限颗粒数 $N = 10\ 000$；

采样水体内 100 μm 测量上限颗粒数 $N = 100$。

对应的浓度范围在采样厚度为 100 μm 时，对不同粒径的最大浓度测量值计算如下：

$$\rho = \frac{N'_{\max} \times V_n}{V} \tag{3-2}$$

$$\rho_{5\ \mu m} = \frac{40\ 000 \times 61.416}{10^8} \approx 2.5\%$$

$$\rho_{10\ \mu m} = \frac{10\ 000 \times 523}{10^8} \approx 5\%$$

$$\rho_{50\ \mu m} = \frac{100 \times 523\ 333}{10^8} \approx 52\%$$

体积比：2.6%，含沙量：67.6 g/L（5 μm）；

体积比：5.2%，含沙量：140 g/L（10 μm）；

体积比：52.3%，含沙量：1.36 kg/L（100 μm）。

以长江口、黄河口为例，根据水利部水文局《泥沙通报》和《泥沙研究》杂志的报道以及笔者在长江口的实测结果，长江口悬沙浓度范围为：$0.479 ~ 2.177\ kg/m^3$，粒径范围为：3 ~ 32 μm，考虑到全流域的情况，长江水利委员会目前执行的行业标准规定的粒径范围为 1 ~ 2 000 μm。黄河悬沙浓度范围约比长江高出一个量级，粒径范围相当。"悬浮颗粒图像仪"采用的是数字图像分析原理，其测量范围由以下因素决定：采样厚度、物镜倍率（决定粒径测量范围）和视场以及视场内无遮挡情况下允许的最大颗粒数（决定测量浓度）。

10 倍物镜，100 μm 的采样厚度，可用于粒径 100 μm 以下，浓度 500 ~ 50 g/L 的悬沙测量；4 倍物镜，2 mm 的采样厚度，可用于粒径 2 mm 以下悬沙测量。

3.2.1.4 浓度测量准确度

$$体积浓度 = \frac{颗粒的总体积}{采样水的总体积} \tag{3-3}$$

利用"悬浮颗粒图像仪"拍摄标准颗粒的图像，按尺寸标定方法测量采样水体的面积，乘以厚度，得到采样水体体积。人工数出采样水体中标准颗粒的个数，把粒径的标称值代入球体体积公式：

$$V = \frac{4}{3}\pi r^2 \tag{3-4}$$

求出标准颗粒的体积，再乘以个数，得到标准颗粒的总体积。

3.2.1.5 测量结果的代表性

悬浮颗粒图像仪每次的采样体积约 0.1 mm³，这样少的测量样品能否具有代表性？显微镜法为了要得到具有统计意义上的测量结果，需要对尽可能多的颗粒进行测量。一般要求被测量的颗粒数不少于约 600 个。要得到统计意义上正确可靠的测量结果，除被测量的颗粒数不应少于 600 个外，这些颗粒还应取自数十个不同的样区中。在芦潮港和大洋山实验结果中，每幅图片中的颗粒数大多为 150 ~ 600 个，每次测量拍摄 10 幅照片，被分析的颗粒数为 1 500 ~ 6 000 个（参见第 5 章检验验证），按照 Allen 的理论，即可得到具有统计意义上的测量结果。

任何一种测量方法每次测量的水体都是海水中很少的一部分，用它来代表海水中悬浮颗粒的大小和浓度将存在能否代表的问题。显微图像法要得到有统计意义上的测量结果，需要对尽可能多的颗粒进行测量。被测的颗粒越多，测量结果就越可靠。一般要求被测量的颗粒数不少于 600 个，为此，在实际操作中对于体积浓度低的水体，需通过连续拍摄多幅图片来保证被测颗粒个数。同时利用分析软件的统计功能增强结果的代表性。

很显然，由于统计意义对颗粒数量的需求，仪器的具有统计意义的测量浓度下限受一次拍摄图片幅数的限制。如果一次拍摄 10 幅图片，10 幅图片包含 600 个颗粒，平均每幅图片中有 60 个颗粒。则水体的体积浓度可由下式给出：

$$\rho = \frac{\sum_{n=1}^{N} V_n}{V} \tag{3-5}$$

式中：ρ 为体积浓度；N 为每幅图片中的颗粒个数；V_n 为单个颗粒的体积；V 为测量水体体积。

3.2.1.6 可靠性

按公益性项目目标要求，样机完成后现场试验 1 个月，综合考虑国内外同类产品的可靠性水平、用户要求、有关的标准与规范、市场及国内外产品的发展动态、元器件的现有水平、使用环境、工作模式及使用频度等因素，仪器的可靠性指标按《海洋监测仪器设备成果标准化规程》中的潜标系统的参考指标设计。具体指标为：$m_0 = 8\,000$ h，$m_1 = 4\,800$ h，MTTR $= 0.5$ h。

按仪器指标，每天工作 8 次，每次采集 5 幅图片，则 8 000 h 内的工作次数 $=$（$8\,000 \div 24$）$\times 8 \times 5 \approx 13\,333$（次），允许的故障率 $\lambda = 1/13\,333$。

3.2.2 影响测量准确度的有关问题

3.2.2.1 采样体积内悬浮颗粒的遮挡问题

"悬浮颗粒图像仪"的采样体积厚度设为 0.1 mm，当粒径 < 0.05 mm 的颗粒悬浮其中，在光轴方向上，视场内的颗粒将出现前后遮挡，显微镜像面上的投影图形就会重叠，因此，造成浓度和粒径测量误差。分析仪器对悬沙颗粒图像的拍摄过程，计算悬沙颗粒的占空比，即可估算遮挡率。

不失一般性，假设显微镜视场视边长为 1 mm 的正方形，采样厚度为 0.1 mm，则采样水体体积为 $100 \times 1\,000 \times 1\,000 = 10^8 \ \mu m^3$。

下面我们来估算遮挡情况。一种情况是考虑采样体积内的悬浮颗粒全部均匀地沉降在显微镜的物平面上，在不存在重叠时，也即无遮挡时，最大可能的颗粒数即显微镜的视场平面内与颗粒直径相同的正方形的个数，由式（3-6）计算：

$$N_{max} = \frac{A}{a} \tag{3-6}$$

式中：A 为视场面积；a 为边长为颗粒直径的正方形的面积。

对于 5 μm、10 μm、50 μm、100 μm 颗粒，无遮挡时，最大可能的颗粒数为：

$$N_{max5} = \frac{10^6}{25} = 40\,000$$

$$N_{max10} = \frac{10^6}{100} = 10\,000$$

$$N_{max50} = \frac{10^6}{250} = 4\,000$$

$$N_{max100} = \frac{10^6}{10\,000} = 100$$

当采样体积内的颗粒数小于 N_{max} 时，可认为无颗粒遮挡，当出现颗粒黏连时，产生黏连的颗粒被视为絮凝颗粒。

第二种情况是颗粒不沉降，悬浮在采样体积内。当两个以上颗粒在光轴方向上同时出现，即出现遮挡。假定颗粒均匀分布，采样体积按边长为颗粒直径的正方体分配，最大可容纳颗粒的个数由式（3-7）给出：

$$N'_{max} = \frac{V}{v} \tag{3-7}$$

式中：N'_{max} 为采样体积内的最大可容纳颗粒数；V 为采样水体体积；v 为边长为颗粒直径的正方体体积。

边长为 5 μm、10 μm、50 μm、100 μm 的正方体的体积分别为：

$$V_5 = 5 \times 5 \times 5 = 125(\mu m^3)$$
$$V_{10} = 10 \times 10 \times 10 = 1\,000(\mu m^3)$$
$$V_{50} = 50 \times 50 \times 50 = 125\,000(\mu m^3)$$
$$V_{100} = 100^3(\mu m^3)$$

对于 5 μm、10 μm、50 μm、100 μm 颗粒，采样水体内可容纳颗粒数目的最大值为：

$$N'_{max5} = \frac{10^8}{125} = 8 \times 10^5$$
$$N'_{max10} = \frac{10^8}{1\,000} = 10^5$$
$$N'_{max50} = \frac{10^8}{125\,000} = 8 \times 10^2$$
$$N'_{max100} = \frac{10^8}{100^3} = 10^2$$

以完全沉降、无遮挡时最大可能的颗粒数为浓度上限，则此时的占空比 n 为：

$$n = \frac{N'_{max}}{N_{max}} \tag{3-8}$$

对于 5 μm、10 μm、50 μm、100 μm 颗粒，占空比分别为：

$$n_{5\,\mu m} = \frac{8 \times 10^5}{4 \times 10^4} = 20$$
$$n_{10\,\mu m} = \frac{10^5}{10^4} = 10$$
$$n_{50\,\mu m} = \frac{8 \times 10^2}{4 \times 10^3} = 2$$
$$n_{100\,\mu m} = \frac{10^2}{10^2} = 1$$

3.2.2.2 显微物镜景深对浓度和粒径测量的影响

由于显微物镜有一定的景深，对相同粒径的颗粒，在显微物镜景深范围内的不同位置，成像的大小不同，因此会对浓度和粒径测量带来误差，计算景深范围内成像的大小，可分析该部分误差。

由图 3-2 可得，物象之间的关系为：

$$y' = -\frac{x'}{f'}y = -\frac{f}{x}y = \beta y \tag{3-9}$$

式中：y'、x'、f' 和 y、x、f、β 分别是颗粒像的直径、像距、像方焦距和颗粒直径、物距、物方焦距。

当物距由 x 变为 $x \pm \Delta x$，则颗粒像的直径为：

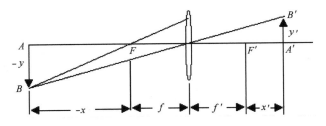

图 3 - 2   显微物镜光路

$$y'' = \frac{f}{x \pm \Delta x} y \qquad (3 - 10)$$

已知 10 倍显微物镜的焦距为 6 mm，景深为 60 μm，对于 5 μm 的颗粒，有如下计算：

$$y' = \frac{f}{x} y = 10 \times 5 = 50(\mu m) \qquad (3 - 11)$$

$$y'' \approx \frac{6\,000}{600 + 60} \times 5 \approx 45.46(\mu m) \qquad (3 - 12)$$

成像误差：

$$\Delta y' = y' - y'' = 50 - 45.46 = 4.54(\mu m) \ (对 5\ \mu m\ 颗粒) \qquad (3 - 13)$$
$$9.09\ \mu m\ (对 10\ \mu m\ 颗粒)$$
$$90.9\ \mu m\ (对 100\ \mu m\ 颗粒)$$

相对误差 9.09%，因此，物距造成的误差是不可忽略的。

3.2.2.3   颗粒沉降

充分地利用悬浮颗粒的沉降现象，可最大限度地减小显微物镜景深造成的测量误差。例如，在层流区，天然泥沙的沉降速率，对于粒径 10 μm 的颗粒，温度 20℃时，沉降速度为 66.7 μm/s，3 μm 颗粒沉降速率为 6.01 μm/s。悬浮颗粒图像分析仪采样厚度为 100 μm，采样完成到图像拍摄时间间隔为 5 s，3 μm 颗粒沉降高度为 30 μm，10 μm 颗粒沉降高度为 333.5 μm，因此，大多数颗粒都沉降在动片的刻度板上，也就是说，成像颗粒处于显微物镜的焦面上。此时，景深造成的测量误差最小。

3.2.2.4   流速影响

根据流速（长江口最大流速可达 3.6 m/s）确定 CCD 相机的快门速度（决定曝光时间）。当颗粒在曝光时间内移动 10 μm，快门时间 t 为：

$$t = \frac{10 \times 10^{-6}}{V_水} = \frac{10}{3.6} \approx 2.8(\mu s)$$

$$(3 - 14)$$

很显然，如此高的快门速度，目前的 CCD 相机很难达到，为了确保快门速度大于 1/1 000 s 的相机能够对流速 3 m/s 的悬浮颗粒成像，采样机构必须使采样区域内的颗粒移动速度小于：

$$V_水 = \frac{10 \times 10^{-6}}{1/1\,000} = 10 \times 10^{-3}(m/s) \qquad (3 - 15)$$

如图 3-3 所示，采样区两侧开有导流槽，利用深于采样池的两个导流槽，采样池中的水侧向流入，从而减小水流速度。保证了大幅度降低采样区流速，并且不影响下次采样的水体交换。

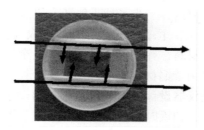

图 3-3　水流方向

3.2.2.5　采样厚度

采样机构的定片（窗口）与采样机构的运动部分——采样板（图 3-4）构成采样模块。中间透明部分（采样池）到两边半圆形部分的表面相差 0.1 mm，误差为 0.003 mm。为保证采样厚度不变，要求动片往复运动 1 000 次，磨损小于 1 μm。

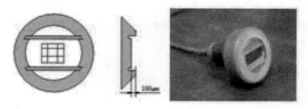

图 3-4　采样板

3.2.2.6　精确标定像素比例

采样池底部刻线宽度为 0.002 5 ± 0.000 5 mm；任意两条刻线间距的绝对误差为 0.003 mm。其中大方格间距 0.25 ± 0.003 mm，大约对应 350 个像素，小格间距为 0.05 ± 0.003 mm。标定时选 2 个大格。标定精度由下式给出：

$$\frac{刻线间隔}{像素数} = \frac{500 \pm 3}{682} \approx 0.733 \pm 0.004 （μm）\qquad(3-16)$$

3.3　悬浮颗粒图像仪的设计

对技术指标论证之后就可以做具体设计。

3.3.1　工作时序和仪器框图设计

利用数字图像原理实现高浓度悬浮颗粒现场测量的关键是准确采样、清晰成像和对图像的分析。

　　仪器设计始终要围绕如何实现仪器在规定的时间内可靠地自动拍摄背景均匀、对比度高的悬浮颗粒图片，保证为图像分析提供清晰图片从而获得准确的悬浮颗粒信息。除此之外，对于水下工作的自容式仪器，尽可能地减少能耗，可靠的水密封，抗腐蚀，抗生物附着都是总体设计的重要内容。为了减小能耗，仪器在待机期间，工作电流要尽可能的小，工作时间尽可能的短，电子学元部件都要选取或设计成低功耗型。为了抗腐蚀，可体材料要选择耐腐蚀材料，并采取加牺牲阳极、涂防腐涂料等措施。为了减小生物附着，仪器易附着部位采用紫铜材料或覆盖方生物附着材料。

　　确定仪器的工作时序是仪器设计的第一步。根据自动图像拍摄时采样、开照明灯、拍摄图像等过程和拍摄数目、拍摄时间间隔的要求确定工作时序。照明灯光强、曝光时间、拍摄时间间隔是可调的。按照这样的考虑，具体的工作时序如图 3 - 5 所示。

　　根据工作时序要求设计仪器框图。图 3 - 5 中，定时开关按照设定的时间间隔触发微控制器，微控制器中储存的时序控制程序按照仪器工作时序自动控制步进电机、LED灯、电子目镜等，完成自动拍摄。拍摄完成后，仪器进入休眠状态，休眠状态的电流在微安量级，这是降低功耗的主要手段。

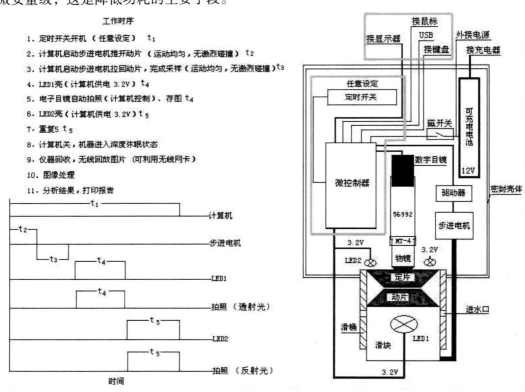

图 3 - 5　工作时序和仪器框

3.3.2　显微成像系统设计

　　对于颗粒测量而言，显微成像系统的主要功能是要获得背景均匀、对比度大、边缘清晰的颗粒图像，这是衡量显微成像系统优劣的唯一条件。

对 CCD 成像显微镜的要求：CCD 成像显微镜的放大倍率要尽可能的大，以便满足最小测量颗粒粒径的要求；为了视场中有足够多的颗粒，成像面积尽可能大，以增加测量的代表性。由于水下密封的需求，工作距离要足够大，以便安装足够厚的密封窗口玻璃。

CCD 成像显微镜包括：①透射光源；②落射光源；③动片（载玻片）；④悬浮颗粒采样室；⑤定片（窗口玻璃，相当于盖玻片）；⑥显微镜；⑦数字目镜。如图 3 - 6 所示。

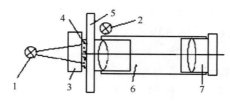

图 3 - 6　显微成像系统

CCD 成像显微镜的放大倍率由物镜、镜筒长度、目镜、CCD 和显示器综合决定。

3.3.2.1　物镜的选取

物镜是 CCD 成像显微镜的关键元件，在选用物镜时，可根据最小颗粒粒径确定分辨率，根据采样厚度确定景深。在保证分辨率的前提下，尽量选用工作距离长、视场大的物镜。系统可以采用单色光照明，对物镜消色差要求不高，但是球差、像场弯曲和畸变会对测量结果造成误差，因此应选用场工作距离平场消色差物镜。

物镜有多种形式：消色差物镜结构简单，价格便宜，设计时除考虑了消除球差之外，还消除了红光和蓝光色差，适宜于单色光照明；复消色差物镜同时校正了红、蓝、黄光的色差，将球差控制在 2 ~ 3 个波长之内，同时比消色差物镜的 NA 值高，工作距离长，非常适合白光照明。不管哪种透镜，随着放大倍率的提高，畸变与场曲的影响就更严重。

远场校正物镜有两个显著的优点：工作距离长，可在系统内安置其他光学元件。远场物镜直接将光路转化成平行光束，聚焦在无穷远，在射出光路的时候通过转接镜将光束聚焦在成像面。

物镜的标称放大倍率是指在镜筒为 160 mm 时的放大倍率，最好的消像差结果也是在这种条件下。物镜的放大倍率为：

$$\beta = \frac{2NA}{\lambda} \cdot \delta', \delta' \leqslant 最小测量粒径 \tag{3-17}$$

工作距离由仪器工作在海水中的深度决定。工作深度越深，密封窗口玻璃越厚，要求物镜的工作距离越大。

物镜的数值孔径（NA）值反映了一系列因子，包括分辨率、工作距离、视场（FOV）以及透光率等。NA 值越大，分辨率越高，工作距离越短，视场越小。

由于在海水中工作，物镜的数值孔径 NA 将发生改变，其变化后的数值孔径为：

$$NA = n_1 \sin U \tag{3-18}$$

式中：n_1 是海水的折射率。

由于海水的折射率大于空气的折射率，海水中工作的物镜数值孔径 NA 大于空气中的物镜。由于物镜数值孔径的变化，物镜的焦距、工作距离、视场都要发生改变。由于这种改变，海水中工作的显微镜，对不同的海水，折射率的差异引起的工作距离的差异，对于固定工作距离的水下全自动显微成像仪来说，就会造成图像模糊。为了避免出现图像模糊，物镜的工作距离要在水介质中调整。

由于采样层有一定的厚度，要求物镜的工作距离允许有一个正负偏差，这一偏差通常叫做物镜的焦深（实际上是景深，由于显微镜的物距与物镜焦距很接近，习惯上叫焦深），物镜的焦深 s 应满足式（3-19）。

$$s \geq e \geq n_{1\max} S - n_{1\min} S \tag{3-19}$$

式中：s 为焦深；e 为采样厚度；$n_{1\max}$ 为海水折射率最大值；$n_{1\min}$ 为海水折射率最小值；S 为物镜在空气中的工作距离（物镜标称工作距离）。

如果颗粒测量范围是 $1 \sim 100~\mu m$，按式（3-17），焦深 s 大于等于 $100~\mu m$，这种物镜是不存在的，在焦深小于测量范围的情况下，大颗粒清楚，小颗粒就模糊，反之亦然，由此带来的误差，就反应焦深影响。选择时，在满足分辨率的前提下尽可能选择焦深大的物镜。

3.3.2.2 目镜的选取

市面上的数字显微镜大多直接接 CCD 成像，这种情况下受 CCD 尺寸的限制，物镜视场内的图像往往只有一小部分被 CCD 成像，也就是说 CCD 的边框成为数字显微镜的视场光阑，系统的视场大大变小。有的采用转接镜，但转接镜的设计往往针对性较强，通用性差，而且造价昂贵。采用目镜通过合理的布置，可以既保证物镜成的像完整地落在 CCD 的成像范围内，也可以保证系统的分辨率。

目镜的选取，主要考虑要有足够大的视场，保证物镜成像的视野完全落在目镜视场内［图3-7（a）］；目镜要有足够的放大倍率，保证经目镜二次成的像远大于 CCD 的像素尺寸。物镜的球差、场曲、畸变要尽可能小，否则，物镜再好，最终成的像也会有几何变形。

目镜有惠更斯目镜、广角目镜和带分划板的可调目镜。惠更斯目镜可与低倍率消色差物镜配套使用；广角目镜用于高倍消色差物镜配合使用效果良好；带分划板的可调目镜内置分划板，可通过调节视度进行聚焦。

显微镜的视场就是显微镜所观察到的范围，视场越大，观察范围越大，放大倍数越大视场越小。

物镜视场、目镜视场、CCD 视场三者中最小的即为 CCD 显微系统的视场。最佳组合是在保证分辨率的前提下，物镜视场足够大，目镜用于转接，使 CCD 的矩形视场内接物镜的圆视场［图3-7（a）］。一般来说，CCD 的光敏面总是小于物镜视场，根据透镜成像特点，只要将物镜放大的第一次像落在目镜的二倍焦距以外，目镜成的缩小的像落在 CCD 的光明面上，通过改变目镜的位置，将 CCD 的矩形视场调节至与物镜的圆视场内接，目镜起到转接镜的作用，这样就可有效地利用物镜视场又不损失分辨率，而且相对于转接镜目镜的售价要低得多。

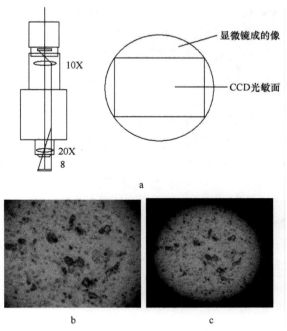

图 3 - 7　数字显微镜的视场

a. 成像系统、显微镜成的像与 CCD 光敏面的正确匹配；b. CCD 光敏面外切显
微镜成的像；c. CCD 光敏的大于显微镜成的像

3.3.2.3　CCD 的选取

CCD 的选取，由于海水中的悬浮颗粒处于运动状态，属于动态显微摄影，因此主要考虑响应速度，在满足响应速度的前提下，CCD 的像素数越大越好，像素的尺寸越小越好。

（1）响应速度

根据流速（长江口最大流速可达 3.6 m/s）确定 CCD 相机的快门速度 $v_水$（决定曝光时间）。当颗粒在曝光时间内移动 10 μm，响应时间 t 为：

$$t = \frac{10 \times 10^{-6}}{v_水} = \frac{10}{3.6} \approx 2.8(\mu s) \tag{3-20}$$

为了确保对流速 3 m/s 的悬浮颗粒成像，采样机构必须使采样区域内的颗粒移动速度小于：

$$v_水 = \frac{10 \times 10^{-6}}{1/1\,000} = 10 \times 10^{-3}(m/s) \tag{3-21}$$

（2）像素尽可能小

像素的大小决定了数字图像的分辨率，像素越小单位面积内的像素点越多，点阵构成的图像越清晰，但像素多在相同面阵 CCD 的情况下响应速度会下降。

（3）有效像素

有效像素是指能够有效成像的像素数，对于显微成像而言，CCD 的有效像素数多，就意味着拍摄的视场大，颗粒数就多，因此，代表性就好，但这都必须是在保证拍摄速度足够快的前提下才有意义。当然，如果设法将拍摄取得悬浮颗粒运动速度降低，甚至相对静止下来，像素尺寸小，有效像素多的 CCD 就显示出其优势。

3.3.3　采样器设计

3.3.3.1　窗口玻璃（盖玻片、定片）

窗口玻璃作用有两点：一是显微镜通过窗口玻璃对悬浮颗粒成像，窗口玻璃保证通光良好的前提下能够承受耐工作深度的水压力；二是窗口玻璃在采样器中相当于盖玻片的功能。动片 3（图 3-6）和窗口玻璃之间的缝隙是采集的测量水样。

实验室用的显微镜，国际上规定，盖玻片的标准厚度为 0.17 mm，许可范围在 0.16~0.18 mm，在物镜的制造上已将此厚度范围的相差计算在内。物镜外壳上标的"0.17"，即表明该物镜所要求的盖玻片的厚度。

水下显微镜，由于水密封要求，盖玻片的厚度远比实验室显微镜用的标准盖玻片和载玻片厚，光线从盖玻片进入空气产生折射后的光路发生了改变，从而产生了相差，这就是覆盖差。覆盖差的产生影响了显微镜的成像质量（图 3-8）。

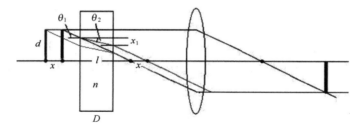

图 3-8　盖玻片厚度对成像的影响

由图 3-8 可以计算出盖玻片厚度对工作距离的影响 x。已知空气中的折射定律近似为：

$$\sin\theta_1 = n\sin\theta_2 \tag{3-22}$$

经过简单的计算可得：

$$x = \frac{Dl}{\sqrt{l^2 + d^2}} - \frac{1}{n} \frac{1}{\sqrt{l^2 + d^2}} \tag{3-23}$$

式中：D 为密封窗口玻璃（盖玻片）厚度；d 为物点距光轴的垂直距离；l 为窗口玻璃厚度趋于"0"时，物点在光中上的投影到物方焦点的距离。

对于轴上物点，$d=0$，则：

$$x = D - \frac{1}{nl} \tag{3-24}$$

在悬浮颗粒图像仪中，由于盖玻片厚度的变化，影响显微镜物距，从而导致了共轭距离（物与像之间的距离）、数值孔径等一系列变化。

对采样机构的要求：

①保证采样水体厚度 D 为 0.1 mm。

$$D = 测量上限颗粒粒径 = 0.1 \ mm \qquad\qquad (3-25)$$

②采样次数 ≥ 800 次（动片往复运动 1 000 次，磨损 d 小于 1 μm）。

$$d = 1 \ 000\Delta = 1 \ \mu m \quad （\Delta \ 为 1 次的磨损量） \qquad (3-26)$$

③采样区流速有效减小为 10 mm/s 以下。

采样区两侧开有导流槽，并令导流曹垂直于水流方向，保证了大幅度降低采样区流速，并且不影响下次采样的水体交换。

3.3.3.2 采样板（图 3-4）

采样板有两种作用：一是采集成像样品；二是提供颗粒尺寸测量标尺。采样板中间采样池的厚度和视场面积决定了采样体积，采样池中间的刻度尺在成像时同时出现在像面上，不管水介质的折射率有何变化，由于刻度的放大倍率与悬浮颗粒的放大倍率相同，当用刻度像作为测量标尺时就不会影响标定精度。

3.3.4 光源设计

在悬浮颗粒图像仪中，采用合适的照明，会大幅度改善图像的背景均匀性和对比度。事实上，为了获得背景均匀、对比度好的悬浮颗粒图像，选择合适的照明，往往比更换高分辨率镜头、高分辨率探测器以及利用软件对图像做预处理更有用。

水下全自动显微成像系统常用的照明方式及其特点分述如下。

3.3.4.1 同轴散射光照明

同轴散射光照明是通过分光片反射光线到物体，输出光线与成像系统同轴（图 3-9）。优点：没有阴影、照明均匀、眩光少。缺点：亮度低，光源表面处理不干净或表面伤痕会在图像中成像，形成噪声。

可用产品有同轴 LED 光源、光线扩散板同轴适配器。

3.3.4.2 环形光照明（落射光准暗视场）

与光路同轴，通过圆形光栏看，镜头在照明光源中心或导光的中心。优点：降低了阴影、照明相对均匀，平坦。见图 3-10。图 3-10a 是环形照明示意图，图 3-10b 是利用环形照明拍摄的标准颗粒图像，图 3-10c 是二值化处理后的图 3-10b。从二值化图 3-10c 可以看出，环形光照明，背景比较均匀。缺点：从高反射表面看会有圆形眩光、装配比较困难。可选产品有：环形导光光纤、LED 环形光、荧光环形光等。

3.3.4.3 背光照明（透射光）

图 3-11 是背光（透射光）照明方式，光线从物体后面发出，通过物体成像。图 3-11b 是背光照明拍摄的标准颗粒图像，图 3-11c 是图 3-11b 的二值化图。从图 3-11c 可以看出，背光照明与环形光照明颜色互补，背光照射图片中明亮的地方，在环形光照射时为黑暗的地方，背光照射图片中黑暗的地方，环形光照明图像为明亮。背光照明的优点是可以观察细节；缺点是光照不均匀，从而使背景不均匀。比较图 3-10b 和图 3-11b 可以明显地看出来。从二值化图 3-11c 可以看出，在图 3-11c 的右下

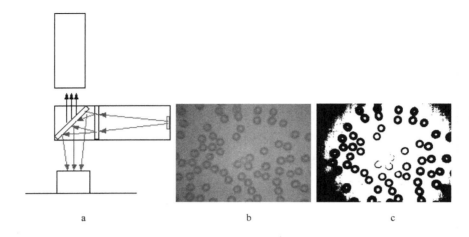

图 3-9　同轴散射光照明

a. 同轴散射光照明光路；b. 同轴散射光照明条件下获得的标准颗粒图像；c. 对 b 做二值化处理后的图像

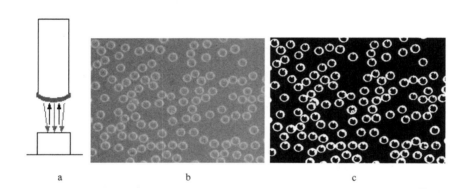

图 3-10　环形光照明（落射光）

a. 环形光照明光路；b. 环形光照明条件下获得的标准颗粒图像；c. 对 b 做二值化处理后的图像

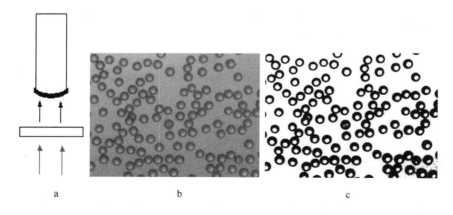

图 3-11　背光照明（透射光）

a. 背光照明光路；b. 背光照明条件下获得的标准颗粒图像；c. 对 b 做二值化处理后的图像

角，背景中出现了噪声点，因此，透射光照明较环形光照明对拍摄的图像更不宜于二值化处理。

3.3.4.4　对光源的要求

①光源最亮时可令 CCD 相机快门速度在较低 ISO 时达到最快。

②选用高亮度白光 LED，当 ISO 为 800 时，快门速度可达 1/2 000 s，工作电流40 mA。

③显微物镜视场内照度均匀。

④LED 在显微镜视场内照度均匀。

3.3.5　通信控制电路

对通信控制电路的要求：减少引线、合理接地、减少干扰、电磁兼容、散热良好、低功耗。

通信控制电路是仪器的指挥中枢，采用标准微控制器和外围电路组成。

对控制电路的功能要求：自动定时控制；具有通信功能；深度休眠功能。

3.3.6　电源

对电源的要求：可充电；输出电压 12 V；容量 4 Ah；整机工作电流 1 A；休眠电流小于 10 μA。

为了实现水下自容式工作，根据仪器的总耗电量改用 10.5 V 直流供电，经直流变换，提供 ±12 V 为电路板供电；+3.2 V 为 LED 供电。现场仪器节电是一项基本要求，在电池供电的情况下更是如此。电源要选择体积小、容量大、可充电的电池组，同时，要考虑电池正常拉偏情况下的内阻和纹波。电池选用可充电镍氢电池，电池容量 4 Ah，可满足 1 000 次测量需求。

3.3.7　机械结构　嵌入式结构

悬浮颗粒图像仪是一种工作于水下的自容式仪器，它的壳体实际上是一种外压容器。压力容器的种类繁多，按壳体几何形状分有球形、圆筒形、圆锥形；按使用材质分有金属、非金属容器等；按受压情况分有内压式和外压式；按工作环境分有气压式和液压式。压力容器对安全性有较高的要求。常用的内压压力容器按设计压力（P）大小分为 4 个压力等级，即：低压（代号 L）容器 0.1 MPa≤P<1.6 MPa；中压（代号 M）容器 1.6 MPa≤P<10.0 MPa；高压（代号 H）容器 10 MPa≤P<100 MPa；超高压（代号 U）容器 P≥100 MPa。外压容器介绍较少。

1）对壳体的要求

（1）外形尺寸

水下机壳体的尺寸是以机芯尺寸来确定。因此，壳体的外形尺寸和结构尺寸应在选定了 CCD 显微光学系统、电池和电子学部件之后再确定。CCD 显微光学系统和电池和电子学部件是机芯的大部件，它们合理地布置之后，壳体的容积也就基本确定了。壳体的外形尺寸要结合材料的性质确定壳体厚度之后给出。

（2）水密性能

根据布放深度确定。临界压力除与圆筒材料的 E、μ 有关外，主要和圆筒长度与直径之比值、壁厚与直径的比值有关。

$$p_{cr} = \frac{2.59E(t/D_0)^{2.5}}{(L/D_0)} \qquad (3-27)$$

式中：p_{cr} 为沿圆环单位周长上的载荷；t 为圆环的壁厚；E 为圆环材料的弹性模量（取 5 900 MPa/cm²）；L 为圆筒的长度；D_0 为圆筒的外直径。

2）壳体材料的选择

壳体材料的选择原则是：耐腐蚀、高强度并兼顾加工难易度、价格等因素。常用的壳体材料有以下两大类。

（1）金属材料

金属材料中不锈钢和钛合金有较好的抗腐蚀性，且强度高，但比重大、价格高。

1Cr18Ni9Ti 不锈钢是一种抗腐蚀性能较好的材料，且强度高，但也是一种难切削的材料。其难加工性主要表现在：高温强度和高温硬度高，1Cr18Ni9Ti 在 700℃ 时仍不能降低其机械性能，切屑不易被切离，加工硬化倾向强，塑性和韧性高，切削过程中切削力大，如切除一定体积的 1Cr18Ni9Ti 所消耗的能量比切除相同体积的低碳钢约高 50%，刀具使用寿命很低，影响加工效率，增大加工成本，较难保证加工精度和表面质量。

钛合金材料价格昂贵，加工费用高。

（2）非金属材料

非金属材料（主要指塑料）有较好的抗腐蚀性，它的特点是比重小、韧性高、价格低。表 3-2 中列出了几种常用塑料材料的主要参数。

表 3-2   常用塑料材料的主要参数

英文名	密度	吸湿率（%）	易燃度	拉伸强度（ib/in²）	许用应力 σ	弹性模量（MPa）
ABS	1.01 ~ 1.08	0.2 ~ 0.5	易燃	3 300 ~ 8 000	49.5 ~ 120	2 200 ~ 2 800
PP	0.85 ~ 0.92	0.2 ~ 0.3	易燃	4 500 ~ 6 000	34.8 ~ 47.4	1 160 ~ 1 580
PE	0.89 ~ 0.98	0.2 ~ 0.3	易燃	1 200 ~ 4 500	—	1 172 ~ 3 792
PC	1.20 ~ 1.22	0.2 ~ 0.3	难燃	9 000 ~ 10 000	25 ~ 30	2 500 ~ 3 000
POM	1.41 ~ 1.43	0.2 ~ 0.5	易燃	9 200 ~ 10 200	58 ~ 62	2 900 ~ 3 100
PA66	1.13 ~ 1.16	1.5	中等	1 100 ~ 13 700	25 ~ 30	1 000 ~ 2 800
PMMA	1.16 ~ 1.20	0.2 ~ 0.8	易燃	7 000 ~ 11 000	—	—
HIPS	1.10 ~ 1.14	0.2 ~ 0.5	易燃	1 900 ~ 6 200	—	—
PPO	1.08 ~ 1.10	0.5 ~ 0.8	中等	7 800 ~ 9 600	—	2 500 ~ 2 700
PPS	1.28 ~ 1.32	0.02	中等	9 000 ~ 10 000	—	—
PET	1.29 ~ 1.41	0.08 ~ 0.2	中等	7 000 ~ 10 500	295	3 250 ~ 5 900
PBT	1.30 ~ 1.38	0.07 ~ 0.3	中等	7 800 ~ 8 600	—	—
PC/ABS	1.15 ~ 1.25	0.25 ~ 0.5	易燃	9 000 ~ 10 000	—	—
PC + GF	1.40 ~ 1.44	0.06	易燃	9 000 ~ 12 000	—	—

　　根据水下仪器实际使用的特点，通过以上的对比可以看出，PET（聚对苯二甲酸乙二酯），材料坚硬，强度高，刚度好，有韧性，耐冲击性能好，摩擦系数小，尺寸稳定性高，有良好的抗腐蚀性，优良的绝缘性及抗静电性，优良的气密性，优良的加工性，工作温度在 $-40 \sim +110℃$。符合美国食品药物管理局（FDA）及日本厚生省食品卫生法标准。无渍，无臭，无环保问题。所以 PET 塑料比较适合本仪器使用。

　　3）壳体设计

　　外压圆筒容器的设计压力应当满足式（3-28）：

$$P \leqslant |P| = \frac{P_{cr}}{m} \tag{3-28}$$

式中：$|P|$ 为许用设计外压，单位：MPa；P 为设计外压，单位：MPa；P_{cr} 为临界压力，单位：MPa；m 为安全系数，压力容器设计规定 $m \geqslant 3$。

　　壳体承受的压力除与圆筒材料的弹性模量 E（PET 弹性模量：5 900 MPa）有关外，主要和圆筒长度与直径之比、壁厚与直径的比有关。工程上，圆筒压力容器分为：长圆筒和短圆筒，长、短圆筒的界定由圆筒长度与直径之比决定。悬浮颗粒现场测量仪的壳体属于短圆筒。短圆筒耐压强度用式（3-29）计算。

短圆筒临界压力：
$$P_{cr} = \frac{2.59E(t/D_0)^{2.5}}{(L/D_0)} \tag{3-29}$$

筒体壁厚：
$$t = D_0 \sqrt[2.5]{\frac{P_{cr}(L/D_0)}{2.59E}} \tag{3-30}$$

式中：t 为筒体壁厚，单位 mm；D_0 为筒体的外直径，单位 mm；L 为筒体的计算长度，单位 mm。

　　已知仪器壳体的最大承受压力即设计压力 P 为 0.5 MPa，压力容器的设计规定 $m \geqslant 3$，并满足式（3-28），在稳定系数 $m = 3$ 时，临界压力 $P_{cr} = 3|P|$，所以 $P_{cr} = 1.5$ MPa。

$$P \leqslant P_{cr} = 1.5 \text{ MPa} \tag{3-31}$$

　　筒体的椭圆度 e 应满足式（3-32）：

$$e = \frac{D_{ia} - D_{ib}}{D_i} \leqslant 0.5\% \tag{3-32}$$

式中：D_{ia}、D_{ib} 分别为筒体的最大内直径和最小内直径；D_i 为名义内直径。

$$L_{cr} = 1.17D_0 \sqrt{\frac{D_0}{t}} \tag{3-33}$$

式（3-33）是划分长筒与短筒的判定依据（当筒体长度 $L > L_{cr}$ 时为长筒；反之为短筒）；L_{cr} 是筒体的临界长度。

　　壳体的内尺寸应当大于机芯的外尺寸，综合考虑，取壳体的内径为 $\varphi = 168$ mm，长度为 282 mm。将此尺寸代入式（3-30）计算，得到壁厚 t 的参考尺寸为 5.18 mm，取其整数 6 mm。外径等于内径加 2 倍的壁厚，即 $D_0 = 168 + 2t = 180$ mm。再将 D_0 代入式（3-29）验证所取尺寸的正确性，得到 $t = 5.37$ mm 小于 6 mm 因此尺寸正确。将直径 180 mm 代入式（3-29）求出 $P_{cr} = 1.98$ MPa。因为 $P = 1.5$ MPa $\leqslant P_{cr}$，所以满足式

（3－28）的要求。

4）封头设计

压力容器的封头形式有许多种，本仪器要求为平板封头。

平板封头厚度 t 按式（3－34）计算：

$$t_1 \geqslant D \sqrt{\frac{kp}{[\sigma]}} + C \qquad (3-34)$$

式中：t_1 为圆平板的厚度；D 为圆平板的直径；k 为结构特征系数，平板封头 $k \approx 0.25$；σ 为圆平板的许用应力（PET 塑料许用应力为 295）；c 为腐蚀裕量。

根据计算 $t_1 \geqslant 7.37$ mm，取其整数 $t_1 = 8$ mm。

5）密封设计

（1）密封圈

由于悬浮颗粒图像仪的壳体为圆柱体，采用 O 形圈密封。O 形圈是挤压型密封的典型结构形式，在各种挤压型密封中，它的应用最广，常用于液压、空压、真空设备和受压容器中。其特点有以下 5 个方面。

①单独采用一个 O 形圈，能够密封双向介质的压力。

②抗介质侵蚀性能和耐老化性能好，具有良好的弹性。

③结构简单，尺寸紧凑，装拆方便。

④O 形圈密封适用参数范围宽广。压力：静止条件时在 100 MPa 左右。运动条件时在 35 MPa 左右。温度为 $-60 \sim 120$℃。

⑤货源充足，价格低廉。

（2）密封方式

密封方式有以下三种，如图 3－12 所示。

柱面密封　　　　端面密封　　　　三角密封

图 3－12　密封方式

柱面密封既适用于运动条件也适用于静止条件下的密封，密封面加工精度高，且不能有形变。

端面密封仅适用于静止条件下的密封，它们的沟槽形式在没有特殊要求和低压的情况下大多都采用矩形沟槽。

三角密封也仅适用于静止条件下的密封，三角槽结构紧凑，容易加工，密封性良好。因 O 形圈受三角槽的预压缩量较大，几乎填满沟槽全部空间，不易出现泄露，但 O 形圈永久变形较大。

此仪器壳体是 PET 塑料，与金属材料相比容易产生变形，不宜选用柱面密封，端面密封的接触面积比三角密封接触面积小，在静密封条件下兼顾此仪器的结构形式，故适合选用三角密封方式。

（3）沟槽

安装 O 形圈的沟槽内壁直径通常大于 O 形圈内径，使 O 形圈在拉伸状态下安装。若 O 形圈拉伸数值过大，将导致 O 形圈截面过度减小，因为拉伸1%相应地使截面直径减小约0.5%（表3-3）。

表3-3 不同拉伸数值下 O 形圈拉伸率（∂）

d (mm)	10 ~ 20	20 ~ 70	70 ~ 100	> 100
∂	1.025 ~ 1.020	1.020 ~ 1.015	1.015 ~ 1.010	1.010

沟槽的内壁直径 d_1 与拉伸率 ∂ 满足式（3.35）：

$$d_1 = \partial d + \omega(\partial - 1) \qquad (3-35)$$

式中：d_1 为沟槽的内壁直径；ω 为 O 形圈在自由状态下的截面直径；d 为 O 形圈在自由状态下的内直径。

根据式（3-35）计算得 $d_1 = 171.7265$，经查 GB 3452.1-92［通用 O 形圈系列（代号 G）的内径、截面及公差］取 O 形圈尺寸为 $\varphi170 \times 2.65$。

$$H = B = 1.33(\omega + \Delta\omega) \qquad (3-36)$$

式中：H 为沟槽的深度；B 为沟槽的宽度；ω、$\Delta\omega$ 分别为 O 形圈的截面积直径及公差。

根据式（3-36）计算得到 $H = B = 3.6309$ mm，为了加工方便取 $H = B = 3.6$ mm。

6）壳体设计

壳体：最大工作深度为100 m；最大承受压力为1.0 MPa；耐腐蚀；仪器选用圆柱形结构，机壳外径为 $\varphi160$ mm，高270 mm（图3-13）。

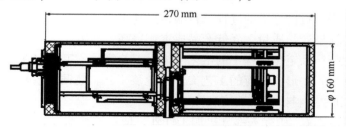

图3-13 壳体结构图

3.3.8 标准化设计

为了实现基本机型的功能，使仪器稳定可靠，并且通过关键部件、零件的更换派生出系列机型，在产品设计中尽可能地提高标准化系数。以利于简化设计，缩短设计周期。

1）仪器设计层次分析

仪器的壳体、结构、光学系统、采样系统、控制系统、传输接口为第一层次；第一层次中每个单元的具体设计为第二层次。

对于不同类型的仪器，第一层次设计要基本一致，增强通用性和互换性；第二层次的设计要充分考虑接口的互换性并尽量采用标准件或在标准件的基础上加以改造。

（1）第一层次的标准化设计

以实验样机为基础，分析仪器的各部分构成，采用以下标准件：选用标准型材设计仪器壳体；选用标准单筒显微镜，组成显微光学系统的基本结构；选用专业 CCD 相机，构成图像拍摄和存储系统；选用标准可充电电池组，构成供电系统。

（2）第二层次的标准化设计

第二层次的设计较第一层次有较多的自制件，为了提高标准化系数，基本的原则是在尽量选用标准元件的基础上进行设计，包括以下 5 个方面。

①显微光学系统与 CCD 相机的光学转接口。该接口用标准目镜配以转接机构实现。

②CCD 相机功能控制。以标准步进电机为基础，设计专用机械手，由控制电路控制，自动实现 CCD 相机功能切换。

③采样机构。以标准刻度板为基本元件，组合 LED 和专用零件组成采样机构。

④控制电路。围绕标准微控制器，选用工业级或军品级电子元器件设计控制电路。

⑤通信接口采用标准 232 接口，以利于互换。

2）设计图纸的标准化

为使定型设计中的图样、图形、标注、文字、格式、程序、审核、审批等各个环节，都符合相关标准，仪器的所有机械图纸一律用"Solid Edge"绘图软件绘制；电路原理图和印刷电路板图一律用"Protel"软件绘制。所有文件资料编写和审批应完善。保证定型设计图样的成套性和可复制性，便于生产单位可按图再生产。

3）工艺标准化

工艺标准化是对产品的工艺文件、工艺过程和工艺要素进行必要的统一、简化、协调和优选，并制定和贯彻标准的过程。目的是提高工艺文件质量，稳定合理工艺，缩短生产准备周期，保证产品质量，降低产品成本，提高劳动生产率，促进科学管理。

工艺标准化指产品定型过程中的工艺术语、工艺符号、工艺文件、工艺要素、工艺规程要做到标准化，并形成相应的工艺文件（电装工艺、装调工艺）。

4）元器件和原材料标准化

"悬浮颗粒图像仪"中除去部分机加工件外，使用的元器件、原材料、紧固件全部采用标准件，并要充分考虑海洋环境的特殊要求和海洋环境条件相关标准，尽量采用工业级和军品级产品。外购件一律按 ISO 9002 认证标准选购和检验。编制元器件和原材料的存贮条件、质量检验及安全规定。

5）软件设计标准化

选用成熟的通用软件、软件设计语言，尽可能采用有效、可靠的功能模块。接口设计要标准化。人机界面的设计要友好。

3.3.9　可靠性设计

3.3.9.1　可靠性分析

可靠性包括耐久性和保全性。耐久性指产品的无故障性；保全性指产品的易维修性。在满足产品功能、成本等要求的前提下，一切使产品可靠地运行的设计称可靠性设计。

可能影响到"悬浮颗粒图像仪"执行功能正确运行的因素即为可靠性设计应考虑的内容，概括如下。

1）壳体

壳体易被腐蚀和生物附着。对于"悬浮颗粒图像仪"可能导致的后果有采样机构运动失灵；悬挂、固定安全性降低；漏水。鉴于目前尚没有理想的防生物附着手段，壳体的可靠性环境主要考虑腐蚀问题。经严格选材，并做防腐和防生物附着处理后可有效地提高抗腐蚀能力，减少生物附着。为此，壳体的设计要从以下几个方面考虑。

（1）壳体材料

选材的原则首先是耐腐蚀，吸水性低、耐压好、防冲击能力强，其次，在满足几何尺寸的前提下，尽量选用管材而非棒材，以利于降低成本，容易加工。

（2）密封圈

采用高弹性、抗老化、耐海水浸泡、无划痕、标准规格的 O 型密封圈和相应的密封结构，控制端面密封或柱面密封配合面的光洁度，控制端面或柱面的机械挤压量，保证 O 型密封橡胶圈有足够的压弹量，规定 O 型密封橡胶圈的使用次数和使用年限。

（3）防腐措施

对易腐蚀件做防腐处理，在金属件附近加牺牲阳极防止生物附着和海水腐蚀。

（4）防生物附着

采样器采用封闭式结构，不透光，藻类等生物不易生长。测量完毕后加入 EPA 批准的 TBT 防生物附着液，保持封闭环境的清洁。采样器的玻璃窗口用铜质材料包裹。休眠期间光学窗口完全被铜片覆盖。防生物附着涂料 E‐Paint（一种基于锌的可以产生过氧化物的涂料）涂于仪器壳体外表。框架先用乙烯基胶带包裹，再涂 E‐Paint 涂料。

2）控制电路故障

控制电路是仪器的指挥中枢，一旦发生故障，严重时，将导致仪器工作失灵，一般情况下也会导致工作不正常。控制电路的可靠性设计原则是在满足基本功能的前提下尽可能地利用控制软件资源，简化电路，减少引线。

3）采样机构

采样机构动作失灵将导致无法拍摄到正确的图片；动片复位不准将导致图像模糊。

4）光学系统

光学系统的改变将影响到对焦，从而使拍摄的图像模糊。

5）CCD 相机

CCD 相机的任何故障都会使拍摄图像失败。

　　6）故障树（图 3 - 14）

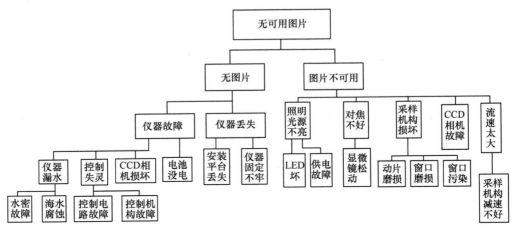

图 3 - 14　故障树

3.3.9.2　可靠性指标的确定

　　按试验周期 3 个月，综合考虑国内外同类产品的可靠性水平、用户要求、有关的标准与规范、市场及国内外产品的发展动态、元器件的现有水平、定型产品的类型、使用环境、工作模式及使用频度等因素，示范试验的条件最为严酷，因此，仪器的可靠性指标按《海洋监测仪器设备成果标准化规程》中的潜标系统的参考指标设计。

3.3.9.3　可靠性指标的分配

　　通常分配应考虑以下原则。

　　（1）技术水平

　　对技术成熟的单元，能够保证实现较高的可靠性，或预期投入使用时可靠性可有把握地增长到较高水平，则可分配给较高的可靠度。

　　（2）复杂程度

　　对较简单的单元，组成该单元零部件数量少，组装容易保证质量或故障后易于修复，则可分配给较高的可靠度。

　　（3）重要程度

　　对重要的单元，该单元失效将产生严重的后果，或该单元失效常会导致全系统失效，则应分配给较高的可靠度。

　　（4）任务情况

　　对整个任务时间内均需连续工作以及工作条件严酷，难以保证很高可靠性的单元，则应分配给较低的可靠度。

　　此外，一般还要受费用、重量、尺寸等条件的约束。总之，最终都是力求以最小的代价来达到系统可靠性的要求。

　　为了问题的简化，假定各单元的故障均互相独立。按"光学悬浮沙粒径谱仪"功能逻辑关系，将产品的可靠性目标值按等分配法中的并联系统，得出各单元的可靠度最佳分配值。

并联系统，如图 3 - 15 所示。

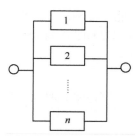

图 3 - 15　并联系统

$$F_i = F^{\frac{1}{n}} = (1 - R_s)^{\frac{1}{n}} \quad (i = 1,2,\cdots,n) \tag{3-37}$$

式中：F 为系统要求的不可靠度；F_i 为第 i 单元分配得的不可靠度；R_s 为系统要求的可靠度；n 为并联单元数。

可靠性指标的具体分配情况包括以下几个方面。

①壳体　　$m_0 = 10\ 000$ h。

②控制电路　　$m_0 = 8\ 000$ h，MTTR（平均维修时间）$= 2$ h。

③采样机构　　机械传动 $m_0 = 20\ 000$ h，MTTR $= 2$ h。动片、定片 $m_0 = 10\ 000$ h，MTTR $= 1$ h。

④显微光学系统　　显微光学系统可能出现的故障有物距失调、镜头霉变、调整机构故障。考虑到显微系统在壳体内，而且采用标准单筒显微镜组成，标准单筒显微镜的可靠性指标高于 $m_0 = 10\ 000$ h。

⑤CCD 相机　　定型仪器采用专业 CCD 相机，其可靠性指标均可达到或超过 $m_0 = 20\ 000$ h。

⑥光源　　$m_0 = 10\ 000$ h，MTTR $= 1$ h。

⑦电源　　$m_0 = 20\ 000$ h，MTTR $= 0.5$ h。休眠状态：200 μA，100 天耗电 0.48 Ah。

⑧吊挂、安装机构　　$m_0 = 15\ 000$ h，MTTR $= 1$ h。

3.3.9.4　可靠性设计

1）可靠性设计的总体考虑——模块化设计

为了便于整机装调，定型样机采用模块化结构设计。

定型样机壳体重新设计，重点考虑壳体及吊装机构的抗腐蚀、耐压水密性能，同时使吊放、功能设置更加方便。

CCD 相机、光学转接口、单筒显微镜组成一体化显微光学成像系统，提高光路的稳定性，确保物距准确，成像清晰。

LED 光源、采样机构的动片构成一体化部件，确保照明区域的照度均匀且具有足够高的亮度，缩短曝光时间，减小流速影响，提高图像的对比度。

采样机构的机械传动部分，采用水密封一体化部件，确保传动灵活、水密封良好。

利用步进电机，确保功能执行过程中时间控制准确。

采用图像卡存储图像，确保断电情况下不丢失数据。

控制电路设计力求简单，降低能耗。利用单片机和分立元件简化电路，充分利用控制软件资源，提高可靠性。（拟采用 ZWORLD 的 LP 5100 微处理器）

2）标准件优选

（1）LED 光源

定型样机进一步提高光源亮度，缩短曝光时间，减少海流等环境因素的影响。

（2）CCD 相机

为了互换性好可靠性高，易于和光学显微系统连接，从常用的与专业数码相机有连接口的 CCD 相机中优选，同时要考虑相机的控制和图像回放方便。

（3）显微光学系统

显微光学系统采用标准件组合、标准平场消色差物镜、标准转接口和标准镜筒，保证高互换性和可靠性。

（4）步进电机

选用日本伺服有限公司生产的 KT35FM1-552 步进电机。

3）控制电路的可靠性指标估算

控制电路的最大特点是其元器件寿命服从指数分布，即故障率为常数。所以，可用式（3-38）预计其可靠性指标。

$$\lambda_s = \sum_{i=1}^{n} \lambda_i \qquad (3-38)$$

控制电路是由电阻、电容、二极管、三极管、集成电路等标准化程度很高的电子元器件组成，而对于标准元器件现已积累了大量的试验、统计数据，已有成熟的预计标准和手册。对于国产电子元器件，可采用国家军用标准 GJB/Z 299A—91《电子设备可靠性预计手册》进行预计；而对于进口电子元器件，则可采用美国军标 MIL-HDBK-217E《电子设备可靠性预计》进行预计。

对"悬浮颗粒图像仪"的控制电路，我们采用元件计数法。这种方法适用于方案论证和初步设计阶段。其通用计算公式为：

$$\lambda_s = \sum_{i=1}^{n} N_i(\lambda_{gi}\pi_{qi}) \qquad (3-39)$$

式中：λ_s 为系统的总故障率（1/h）；λ_{gi} 为第 i 种元器件的通用故障率（1/h）；π_{qi} 为第 i 种元器件的通用质量系数；N_i 为第 i 种元器件的数量；n 为设备所用元器件的种类数目。

"悬浮颗粒图像仪"的控制电路及其元件如表3-4所示。

表 3-4 控制电路故障率的计算（工作温度：40℃）

元件名称	N_i	λ_{gi}（10^{-6}/h）	π_{qi}	$N_i\lambda_{gi}\pi_{qi}$（10^{-6}/h）
金属膜电阻	24	0.033	1	0.792
微调线绕电位器	1	1.24	1	1.24

续表

元件名称	N_i	λ_{gi}（10^{-6}/h）	π_{qi}	$N_i\lambda_{gi}\pi_{qi}$（10^{-6}/h）
磁片电容	15	0.046	1	0.69
铝电解	7	0.377	1	2.639
小功率硅 NPN	5	0.57	1	2.85
小功率锗 PNP	2	0.99	1	1.98
普通硅二极管	3	0.19	1	0.57
密封单片数字集成电路	7	0.82	1	5.74
密封单片微处理器	1	11.73	1	11.73
石英谐振器	2	0.49	1	0.98
矩形连接器	8	0.083	1	0.664
镉镍蓄电池	1	3.76	1	3.76
印制板	1	0.231	1	0.231
通用机电继电器	1	3.74	1	3.74
λ_s			37.606×10^{-6}/h	
MTBF			26 600 h	

　　水下机控制电路围绕 LP 3500 统一设计，适当采用分离元件作为外围电路，可减小体积，降低功耗，同时降低成本。电路框图见图 3-16。

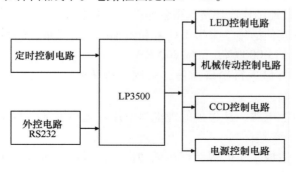

图 3-16　控制电路

4）提高电路可靠性的措施

（1）元器件优化

元器件选用工业级或军品级产品以保证可靠性。不用电解电容，改用独石电容。

（2）布线优化

印刷线路板设计要充分考虑内部引线。为了使电机、CCD、连接线尽可能又少又短，要尽量利用覆铜板减小印刷线路板上的插座与插头间的距离。

（3）电路板的可靠性设计

实践证明，印制电路板设计不当，会对仪器的可靠性产生不利影响。例如，如果印制板两条细平行线靠得很近，则会形成信号波形的延迟，在传输线的终端形成反射噪声。因此，在设计印制电路板的时候，应注意采用正确的方法。

（4）接地

在电子设备中，接地是控制干扰的重要方法。如能将接地和屏蔽正确结合起来使用，可解决大部分的干扰问题。电子设备中地线结构大致有系统地、机壳地（屏蔽地）、数字地（逻辑地）和模拟地等。在地线设计中应注意以下几点。

①正确选择单点接地与多点接地。在低频电路中，信号的工作频率小于 1 MHz，它的布线和器件间的电感影响较小，而接地电路形成的环流对干扰影响较大，因而应采用一点接地。当信号工作频率大于 10 MHz 时，地线阻抗变得很大，此时应尽量降低地线阻抗，应采用就近多点接地。当工作频率在 1～10 MHz 时，如果采用一点接地，其地线长度不应超过波长的 1/20，否则应采用多点接地法。

②将数字电路与模拟电路分开。电路板上既有高速逻辑电路，又有线性电路，应使它们尽量分开，而两者的地线不要相混，分别与电源端地线相连。要尽量加大线性电路的接地面积。

③尽量加粗接地线。若接地线很细，接地电位则随电流的变化而变化，致使电子设备的定时信号电平不稳，抗噪声性能变坏。因此应将接地线尽量加粗，使它能通过 3 倍于印制电路板的允许电流。如有可能，接地线的宽度应大于 3 mm。

④将接地线构成闭环路。设计由数字电路组成的印制电路板的地线时，将接地线做成闭环路可以明显地提高抗噪声能力。其原因在于：印制电路板上有很多集成电路元件，尤其遇有耗电多的元件时，因受接地线粗细的限制，会在地结上产生较大的电位差，引起抗噪声能力下降，若将接地构成环路，则会缩小电位差值，提高电子设备的抗噪声能力。

⑤提高可靠性的其他措施。采用 1 G 容量的 CF 卡，存储空间增大，将存储图像能力由 300 幅扩大到最大 3 000 幅，每幅 300 KB。

通过 RS232 标准接口进行串口通信，采用具有防静电等功能的高性能芯片，保证通信时，数据电平准确。

高效充分利用电池电源，从过去的锂电池改用可充电电池，减小了体积和频繁更换电池的次数。

海水流速大时会造成采集的图像存在运动模糊，可以通过提高光源亮度、缩短曝光时间，降低采样区的流速来减小流速影响。曝光时间从 1/50 s 减小到 1/2 000 s，可保证在 2 m/s 的流速下拍摄到清晰图片。

仪器设计专门的防震包装箱，提高正常运输下仪器的抗震和抗冲击能力，不致因运输导致结构失效和元器件损坏。

强化印制板加工、元器件焊接、连接件插拔等工艺设计。

严格控制耐压水密机械结构件的设计和加工，确保配合面光洁、无磨损、无划痕，选用优质的水密电气接插件和接插结构。

考虑仪器设备使用者的心理因素、操作习惯、仪器作业平台状态、作业环境等因素的人机工程设计。

3.3.10　维修性设计

产品的故障率和维修率的定量要求，对产品的维修工艺、维修工具从维修角度出发进行的设计和权衡固有可靠度与维修率的过程，称为维修性设计。维修性设计包括故障排除、故障后的恢复及预防维修，目标是提高仪器系统的可用度。

提高仪器设备的维修性，就是要缩短平均维修时间。故障修理时间包括故障定位时间、排除故障时间和验证恢复时间。

用平均维修时间 MTTR 来表征仪器系统的可维修性能，并根据仪器的实际使用环境和特点确定仪器的 MTTR。具体指标见"3.3.9 可靠性设计"。

3.3.10.1　选配件

根据对"悬浮颗粒图像分析仪"的实际应用情况，有以下配件可供选择：PC 机（台式机或手提电脑）；可充电电池；电池充电器；存储卡；采样装置；水密电缆；固定卡环；保险罩；尼龙绳；仪器包装箱。

3.3.10.2　仪器储藏和保养

为了保持"悬浮颗粒粒图像仪"的完好，在使用和存放仪器时请遵守以下注意事项。

（1）保持清洁

此仪器储存前要用清洁的淡水冲洗干净然后用电吹风吹干；采样机构的动片和定片要用棉球蘸上乙醇、乙醚混合液擦洗干净。放在专用的包装箱内储存。

（2）在测量结束后要关掉电源开关

测量结束后，读取图像，关掉电源开关，保持电池中有电的情况下储存仪器，以免降低电池寿命。

（3）水密插座要套上橡胶套

在储存时，水密插座要用橡胶套套好。

3.3.10.3　故障诊断

如表 3 – 5 所示。

表 3 – 5　故障诊断

故障	原因	解决办法
仪器不工作	电池电压低 电源开关没打开	给电池充电 打开电源开关
采样器动片不工作	传动臂卡住 步进电机不工作	取下动片，清洗运动部件 检修步进电机驱动电路
LED 不发光	LED 坏 无供电电压	更换 LED 检修 LED 供电电路
不能摄像	记忆卡无空闲容量 记忆卡损坏	删除不要的文件 更换新卡
图像不清晰	动片没调好 光源太暗	调整动片，调整显微镜 更换 LED
无图像输出	CCD 相机不工作 USB 传输线没接好	更换电池，检查相机 接好传输线

3.3.11 电磁兼容性设计

电磁兼容性是指电子设备在各种电磁环境中仍能够协调、有效地进行工作的能力。电磁兼容性设计的目的是使电子设备既能抑制各种外来的干扰，使电子设备在特定的电磁环境中能够正常工作，同时又能减少电子设备本身对其他电子设备的电磁干扰。

对水下机的干扰来自两个方面：一个是水下机内部自扰；另一个来自工作环境干扰。

水下机内部干扰通过优化工作时序，使各控制单元顺序工作，排除相互干扰。

通信控制接口是唯一与外界联系的部分，通过采用屏蔽电缆，降低输入阻抗，减少外界干扰。

3.3.11.1 选择合理的导线宽度

由于瞬变电流在印制线条上所产生的冲击干扰主要是由印制导线的电感成分造成的，因此应尽量减小印制导线的电感量。印制导线的电感量与其长度成正比，与其宽度成反比，因而短粗的导线对抑制干扰是有利的。时钟引线、总线驱动器的信号线常常载有大的瞬变电流，印制导线要尽可能的短。对于分立元件电路，印制导线宽度在 1.5 mm 左右时，即可完全满足要求；对于集成电路，印制导线宽度可在 0.2 ~ 1.0 mm 之间选择。

采用平行走线可以减少导线电感，但导线之间的互感和分布电容增加，如果布局允许，最好采用井字形网状布线结构。具体做法是印制板的一面横向布线，另一面纵向布线，然后在交叉孔处用金属化孔相连。

为了抑制印制板导线之间的串扰，在设计布线时应尽量避免长距离的平行走线，尽可能拉开线与线之间的距离，信号线与地线及电源线尽可能不交叉。在一些对干扰十分敏感的信号线之间设置一根接地的印制线，可以有效地抑制串扰。

3.3.11.2 采用正确的布线策略

为了避免高频信号通过印制导线时产生的电磁辐射，在印制电路板布线时，还应注意以下 4 点。

①尽量减少印制导线的不连续性，如导线宽度不要突变，导线的拐角应大于90°禁止环状走线等。

②时钟信号引线最容易产生电磁辐射干扰，走线时应与地线回路相靠近，驱动器应紧挨着连接器。

③总线驱动器应紧挨其欲驱动的总线。对于那些离开印制电路板的引线，驱动器应紧挨着连接器。

④数据总线的布线应每两根信号线之间夹一根信号地线。最好是紧挨着最不重要的地址引线放置地回路，因为后者常载有高频电流。

3.3.11.3 抑制反射干扰

为了抑制出现在印制线条终端的反射干扰，除了特殊需要之外，应尽可能缩短印制线的长度和采用慢速电路。必要时可加终端匹配，即在传输线的末端对地和电源端各加接一个相同阻值的匹配电阻。根据经验，对一般速度较快的 TTL 电路，其印制线条长于 10 cm 以上时就应采用终端匹配措施。匹配电阻的阻值应根据集成电路的输出驱动电流及吸收电流的最大值来决定。

3.3.11.4 去耦电容配置

在直流电源回路中，负载的变化会引起电源噪声。如在数字电路中，当电路从一个状态转换为另一种状态时，就会在电源线上产生一个很大的尖峰电流，形成瞬变的噪声电压。配置去耦电容可以抑制因负载变化而产生的噪声，是印制电路板的可靠性设计的一种常规做法，配置原则如下。

①电源输入端跨接一个 10 ~ 100 uF 的电解电容器，如果印制电路板的位置允许，采用 100 uF 以上的电解电容器的抗干扰效果会更好。

②为每个集成电路芯片配置一个 0.01 uF 的陶瓷电容器。如遇到印制电路板空间小而装不下时，可每 4 ~ 10 个芯片配置一个 1 ~ 10 uF 钽电解电容器，这种器件的高频阻抗特别小，在 500 kHz ~ 20 MHz 范围内阻抗小于 1 Ω，而且漏电流很小（0.5 uA 以下）。

③对于噪声能力弱、关断时电流变化大的器件和 ROM、RAM 等存储型器件，应在芯片的电源线（Vcc）和地线（GND）间直接接入去耦电容。

④去耦电容的引线不能过长，特别是高频旁路电容不能带引线。

3.3.11.5 印制电路板的尺寸与器件的布置

印制电路板大小要适中，过大时印制线条长，阻抗增加，不仅抗噪声能力下降，成本也高；过小，则散热不好，同时易受临近线条干扰。

在器件布置方面与其他逻辑电路一样，应把相互有关的器件尽量放得靠近些，这样可以获得较好的抗噪声效果。时钟发生器、晶振和 CPU 的时钟输入端都易产生噪声，要相互靠近些。易产生噪声的器件、小电流电路、大电流电路等应尽量远离逻辑电路，如有可能，应另做电路板，这一点十分重要。

3.3.11.6 热设计

从有利于散热的角度出发，印制版最好是直立安装，板与板之间的距离一般不应小于 2 cm，而且器件在印制版上的排列方式应遵循一定的规则。

①对于采用自由对流空气冷却的设备，最好是将集成电路（或其他器件）按纵长方式排列；对于采用强制空气冷却的设备，最好是将集成电路（或其他器件）按横长方式排列。

②同一块印制板上的器件应尽可能按其发热量大小及散热程度分区排列，发热量小或耐热性差的器件（如小信号晶体管、小规模集成电路、电解电容等）放在冷却气流的最上流（入口处），发热量大或耐热性好的器件（如功率晶体管、大规模集成电路等）放在冷却气流最下游。

③在水平方向上，大功率器件尽量靠近印制板边沿布置，以便缩短传热路径；在垂直方向上，大功率器件尽量靠近印制板上方布置，以便减少这些器件工作时产生的温度对其他器件的影响。

④对温度比较敏感的器件最好安置在温度最低的区域（如设备的底部），千万不要将它放在发热器件的正上方，多个器件最好是在水平面上交错布局。

⑤设备内印制板的散热主要依靠空气流动，所以在设计时要研究空气流动路径，合理配置器件或印制电路板。空气流动时总是趋向于阻力小的地方流动，所以在印制电路板上配置器件时，要避免在某个区域留有较大的空域。整机中多块印制电路板的配置也应注意同样的问题。

大量实践经验表明，采用合理的器件排列方式，可以有效地降低印制电路的升温，从而使器件及设备的故障率明显下降。

抗噪声能力。其原因在于印制电路板上有很多集成电路元件，尤其遇有耗电多的元件时，因受接地线粗细的限制，会在地结上产生较大的电位差，引起抗噪声能力下降，若将接地结构成环路，则会缩小电位差值，提高电子设备的抗噪声能力。

3.3.12　安全性设计

3.3.12.1　总则

安全性设计应确保仪器设备在正常使用情况下不发生人身伤害和仪器设备损坏。

首先，要确保在仪器设备布放、船上吊挂作业、现场使用、传感器或部件更换、登上浮标作业、电池充放电、仪器回收、数据下载等正常作业条件下，不会对操作者或维护者造成电击、碰撞、跌落等人身伤害。

其次，要最大限度地避免在正常操作或误操作情况下仪器设备发生丢失或造成不可恢复的功能性或致命性失效。

3.3.12.2　耐压密封设计

仪器最大工作深度指标为 50 m，即耐压 0.5 MPa，为了安全，设计指标为 1.5 MPa。

3.3.12.3　防生物附着设计

采样机构固定动片和定片的部分选用紫铜材料并涂敷防生物涂料，在金属件附近加牺牲阳极，防止生物附着和海水腐蚀。

3.3.12.4　防意外伤害设计

水下机壳体和内部金属结构件边缘全部倒圆角；配备专用尼龙绳用于吊挂作业，避免因断裂、跌落等造成人身伤害和仪器损坏。

3.3.12.5　防非法操作设计

为防止违规拆装，水下机拆卸设计专用工具；软件上设置密码和加密狗，防止非法操作。

3.3.12.6　人机界面的安全性设计

人机界面设计要容忍故障并能解除故障的影响，即允许操作错误而不影响系统工作，更不能导致人身伤害和仪器系统致命性失效。

3.3.12.7 防丢失措施

仪器除安装在海床基上使用外，还要考虑船载或在台站使用，为了防备仪器以外丢失，应采取以下措施。

①设计专门的吊挂机构保证船载或台站布放时由于碰撞等原因使仪器丢失。

②仪器壳体外用激光打标机标记上永久性标志，标明仪器名称、主要用途、生产单位、联系地址、电话，一旦丢失便于查找。

3.3.12.8 安全须知

仪器使用人员一定要经过培训；布放仪器要注意安全，不要将操作人员的手套、衣服缠绕在仪器上；不要不戴工作手套布放仪器，小心手心磨伤；请勿自行拆开仪器。

3.3.13 商品化设计

3.3.13.1 总则

商品化设计考虑了市场因素，强调仪器系统被用户接受的程度，考核仪器设备的可使用性、可操作性、人机界面的友好性、经济合理性。商品化设计的原则可概括为实用、经济和美观。

"实用"是商品化设计最基本的原则，使用方便、人机界面友好、有良好的环境适应性，是实用性的主要体现，优良的商品化设计是产品市场竞争的基本要素之一。

"经济"是指产品的经济性，仪器不仅要有用、好用，而且要价廉，要有市场竞争力。要求仪器系统在制造过程中使用最少的财力、物力、人力和时间而得到最大的经济效益。使产品在满足实用性和审美性的前提下，达到可靠性和使用寿命的预期要求。

"美观"是商品化设计表现精神功能的主要方面。外观设计必须在体现实用、经济的前提下，满足时代的审美要求。友好的人机界面设计要在仪器设备定型设计中充分体现。

3.3.13.2 商品化设计的基本要求

商品化设计的基本要求包括以下 3 个方面。

①提高定型产品的性能价格比。

②系统的外形设计要美观、大方，标志要清晰、明确。开关、按键、旋钮等布局要合理，便于操作。数据终端和操作界面要人机友好，采用可视化的图形图像界面。

③外观设计要与海上调查监测作业环境相协调，色彩要鲜明，但要避开为安全救生和航道安全而设置的颜色。仪器的产品标志要明显，产品包装要便于海、陆搬运作业。

3.3.14 分析软件

分析软件的主要功能是测量颗粒粒径分布并计算颗粒浓度，对于颗粒自动识别，由于颗粒形态的复杂性，尤其是悬浮藻在不同的生长期、不同的拍摄角度、不同的光照条件拍摄的图像都不相同，要想提取具有代表性的特征量用于比对鉴别十分困难，因此，到目前为止还没有很好的解决方法。

对于测量颗粒粒径分布并计算颗粒浓度的分析软件应具备 3 个方面的功能。第一，要对颗粒图片进行预处理，改善背景的均匀性，突出颗粒边界，保证二值化处理后的图片不失真，颗粒边界连续闭合；第二，对二值化图进行颗粒统计计数、浓度计算；第三，给出测试报告。

3.3.14.1 预处理

由 CCD 拍摄的颗粒图片是一种彩色图，其色度分布是连续的，为了统计计数测量颗粒粒径，必须对彩色图作二值化处理。对彩色图做二值化处理必然丢失色度信息，对于颗粒图像粒径测量来说，二值化处理后的图片，色度信息丢失，只要其大小、形状与原图相同就不影响颗粒粒径测量结果。图像预处理的目的就是要通过改善原图背景均匀性，提高颗粒边界清晰度、连续性，使二值化处理后的图形边缘大小形状不变。

3.3.14.2 颗粒粒径测量与计数

颗粒粒径测量首先要确定像素比例。颗粒图像是由像素组成，每一个像素所代表的实际尺寸，给出像素比例，也是颗粒度量的最小尺度，代表了颗粒分析精度。

由于悬浮颗粒的形状各异，所谓颗粒粒径是对球形颗粒而言，非球形颗粒粒径是等效值，而非"真值"。颗粒图像分析仪一般采用等面积圆直径来表示颗粒粒径，这个粒径是等效的，因此，粒径的大小与等效方法有关，对于同一个颗粒，不同的等效方法会得到不同的等效粒径。

第 4 章　设计实现

设计实现的主要工作是对设计框图的物化，从而使组成的仪器按照工作时序可靠的运转。传统的设计实现以加工、电装、光学组装、连线、焊接等一系列繁杂工序为主，信息法主要时间用于查询设计实现所需要的部件、组件，进行精选，总装成型，将原来的繁杂工序大大简化。由于尽量选用商品部件，设计实现时间大大缩短，实现成本大大降低，可靠性大大提高。

4.1　仪器结构的实现

一台仪器的成型，仪器结构的设计、加工是最费时费力的工作之一，如果尽可能地采用标准件、标准结构、可买到的现成机械结构产品，这项工作就会大大简化。设计人员主要的工作是根据海洋仪器的特殊要求，进行广泛深入的信息搜索，合理地选用、组合成型。这样组成的仪器，加工质量有保证，一旦完成，就可以形成产品。

对于工作在水下的海洋仪器而言，其特殊要求是水密、防腐、防生物附着。因此，与海水接触部分是海洋仪器结构的特殊部分，特殊部分的选材，要考虑防腐和防生物附着，机械加工要保证水密。采用圆柱壳体时其关键加工工艺有：

①加工圆筒时应做专用夹具，保证外圆和内孔同轴度要求。

②圆筒端面内孔倒角为密封倒角，倒角与内孔加工应在专用夹具上进行加工成活，要严格按基本尺寸及公差要求进行加工。

③封头与圆筒是螺纹连接，螺纹配作，螺纹车加工时按照国际标准公差的要求执行。

4.2　仪器功能的实现

4.2.1　元部件查询

显微光学系统的基本要求是：根据粒径测量范围和 CCD 像元尺寸确定物镜的分辨率、物镜、目镜的放大倍率和组合放大倍率。如果粒径的测量范围是 $1 \sim 100 \ \mu m$，CCD 像元尺寸为 $5 \ \mu m$，物镜放大倍率 10 倍，分辨率为 $1 \ \mu m$，要求最小粒径为 $1 \ \mu m$，经物镜和目镜放大后在 CCD 光敏面上成的像不小于 $15 \ \mu m$，也即光学系统的放大倍率要大于 15 倍，由此可得到目镜的放大倍率为 1.5 倍。为了保证不出现畸变，应选择平场消色差物镜和目镜。根据这些条件，就可以在网上搜索物镜、目镜信息。如表4-1至表4-7所示。

表4-1　物镜查询结果（1）

物镜型号	倍数	数值孔径	工作距离（mm）	焦距（mm）	分辨率（μm）	景深（μm）	视场（目镜）（mm）	视场（1/2″CCD）（mm）
FW12-5M	5	0.15	44	40	2	14	Φ4.8	0.96×1.28
FW12-10M	10	0.30	33	20	1	3.5	Φ2.4	0.48×0.64
FW12-20M	20	0.35	30	10	0.7	1.6	Φ1.2	0.24×0.32
FW12-50M	50	0.50	17	4	0.5	0.9	Φ0.48	0.10×0.06

表4-2　物镜查询结果（2）

物镜型号	物镜名称	倍数	数值孔径	工作距离（mm）
FW23-5U	5倍无限远无盖玻片平场消色差物镜	5	0.12	26.1
FW23-10U	10倍无限远无盖玻片平场消色差物镜	10	0.25	20.2
FW23-20U	20倍无限远无盖玻片平场消色差物镜	20	0.4	8.8
FW23-40U	40倍无限远无盖玻片平场消色差物镜	40	0.6	3.98
FW23-50U	50倍无限远无盖玻片平场消色差物镜	50	0.7	3.68
FW23-60U	60倍无限远无盖玻片平场消色差物镜	60	0.75	1.22
FW23-60UA	60倍无限远无盖玻片平场消色差物镜	60	0.7	3.18
FW23-80U	80倍无限远无盖玻片平场消色差物镜	80	0.8	1.25
FW23-100U	100倍无限远无盖玻片平场消色差物镜	100	0.85	0.4

表4-3　广角显微镜目镜技术参数

名称	量值
放大率	10倍
有效焦距 EFL（mm）	25.00
视场光阑直径（mm）	18.00
眼点距（mm）	15.50
有效焦距 EFL（mm）	31.80
后焦距 BFL（mm）	8.85
眼点距（mm）	18.00
视场光阑直径（mm）	42.70
表视视场（°）	68
畸变（%）	7（Specified @ 0.7 Field）
光斑尺寸（μm）	0.6/5（On-Axis/0.7 Field）
横向析色差，0.7视场	50
总长度，仅限玻璃（mm）	54.34
总长度（mm）	65.00

表 4 - 4　无畸变目镜技术参数

名称	量值
有效焦距 EFL（mm）	12.5
表视视场（°）	44
眼点距（mm）	10.41
视场光阑直径（mm）	8.5
外径（英寸）	1.25
有效焦距 EFL（mm）	8.0
后焦距 BFL（mm）	3.83
眼点距（mm）	8.20
视场光阑直径（mm）	6.6
表视视场（°）	45
畸变（%）	10（Specified @ 0.7 Field）
光斑尺寸（μm）	6/7（On - Axis/0.7 Field）
横向析色差，0.7 视场	0.016

表 4 - 5　AI 高强度同轴 LED 射灯照明器技术参数

名称	量值
波长	White
配光（%）	±10
LED 数目	1 High Brightness
LED 寿命（h）	50 000
线缆长度（m）	1.5
工作温度（℃）	0～60
重量（g）	42.5

表 4 - 6　紧凑型 LED 环形灯技术参数

名称	量值
波长（nm）	395
半峰全宽 FWHM（nm）	30
40 mm 工作距离时的光斑尺寸（mm）	100
40 mm 时的辐照度（W/m²）	20
LED 寿命（h）	100 000
直径（mm）	70.8
高度（mm）	17
安装螺纹	（4）M3
电源	#59 - 433

表 4 - 7　光线射灯技术参数

名称	量值
波长	White
LED 寿命（h）	50 000
光纤束直径（in）	1/4
外径（in）	0.312
线缆长度（m）	1.5
直径（mm）	7.9
长度（mm）	38.1

（1）单筒显微镜查询

网络上有大量的显微镜介绍，根据设计要求，选择应用放大倍率 10 倍的长工作距离物镜和数字目镜组成的单筒显微镜。数字目镜的帧速率要尽可能的高。

（2）CCD 查询结果

CCD 除上述对像元尺寸的要求之外，最主要的要求是拍摄速度（帧速率）。因为现场悬浮颗粒是在运动状态，对于动态颗粒的拍摄，要求拍摄速率要远大于颗粒运动速率。如果颗粒运动速度为 3×10^6 μm/s，拍摄速度要小于 0.3 μs。根据这些条件，就可以在网上搜索显微镜用的数字目镜、CCD 或 CMOS 器件。

（3）电机查询

自动采样系统的驱动电机要求：转矩足够大；体积尽可能小；转速可控。转矩的大小由负载决定，采样系统的负载包括：动片重量、水阻力、传动部分的摩擦力。满足这些条件的电机有步进电机、伺服电机、具有变速机构的小型电机。根据这些条件，就可以在网上搜索。

（4）控制电路查询

按照仪器功能和工作时序要求，在网上查询符合要求的功能模块、嵌入式系统配合适当的接口就可以完成控制单元而不需要完全自主开发。

其他部件如电源等也可以通过网上查询，选取合适的产品使用。

在功能部件通过网上查询选定之后，对必须自制的部分重点研究，就会极大地降低工作量，由于采用成熟产品的比例提高，所希望达到的可靠性也相应提高。

4.2.2　悬浮颗粒图像仪部件选定

经过上面的查询，悬浮颗粒图像仪选用了单筒数字显微镜、嵌入式计算机单元模块、舵机、LED 显微镜照明光源。这些部件的选用，省去了光学设计、电学设计、大部分机芯内的结构件设计加工。

4.3　仪器装调

通过查询整理，将仪器装调工艺归纳如下。

4.3.1　电装工艺

4.3.1.1　导线前处理技术要求

（1）导线端头处理

导线端头处理的工艺过程，有下料、脱头、捻头、搪锡、屏蔽层处理、标记等。导线下料切割应整齐，不损伤导线。下料长度应符合工艺文件的规定。导线两端的脱头长度若无规定时，应考虑到使用情况和导线粗细，在 5～15 mm 内选择。

（2）屏蔽线的脱头端处理

屏蔽线的脱头端应采取措施，使金属编织层不松散。屏蔽线的端头处应留一定的不屏蔽长度。屏蔽线的接地引线根据安装情况可利用金属编织层本身，也可以另外用接地导线引出。接地导线与金属编织层之间应有可靠的电气连接和足够的机械强度。

（3）多股胶合导线处理

脱去绝缘层的多股绞合导线应按原绞合方向绞合。绞合应均匀顺直，松紧适宜，不应卷曲或单股越出，不得损伤线芯或使线芯断股。

（4）导线芯线处理

导线芯应热浸焊料。浸过焊料的线芯表面光滑、无拉尖，焊料湿润完善，分布均匀。线芯根部应留 0.5～1 mm 的不搪锡长度，不允许焊料或焊剂残渣黏附在绝缘层上。

（5）导线端头标记

导线端头可按工艺文件要求做标记。标记可直接做在导线上，也可将标记线号套在导线上，标记应清晰一致，便于辨认。用数字或字母做标记时，字体高度为 1.5～3 mm。外径小于 1.2 mm 的导线可不做标记。

4.3.1.2　电子元器件装前处理要求

电子元器件如电阻、电容、接插件等器件，其引线表面有氧化层时，应进行搪锡处理。元器件的搪锡部位在去除氧化层后应立即进行搪锡（一般不超过 2 h），以免再次氧化和玷污。元器件搪锡后要及时使用（一般不超过 1 周），暂时不用的要放在塑料袋中密封保存。

把搪锡部位在锡锅中浸一下，拉出来观察其表面应被焊料全部包住，如发现有黑点或焊料没搪上的地方，则搪锡质量不合格，应重新进行搪锡处理。

4.3.1.3　元器件及线缆预加工

包括阻容元件的镀锡、打弯及导线电缆的预加工。需填写阻容元件镀锡表、阻容元件打弯表、线缆加工表。元器件预处理完成后应填写电子产品质量跟踪卡。

4.3.1.4　印制板电路的安装

印制板电路安装的工艺要求包括以下几个方面。

（1）接地

电源地线通过电源回路接地，电子地线通过接地装置接地，电源地线与电子地线严格分开。任何接地装置的接地电阻应在 1 Ω 以下，由接地干线到接地的电气设备间的接地电阻应不大于 0.1 Ω。

（2）烙铁

用 20 W 内热式电烙铁焊接集成电路，要求烙铁电源两线到烙铁壳体的绝缘电阻应大于 1 000 MΩ。烙铁头通过接地工作台的接地点接地，到接地干线电阻要求不大于 0.1 Ω。要求电烙铁电源插头的接地柱与烙铁壳体断路。烙铁头的大小应满足焊接空间和连接点的需要，不应造成邻近区域元器件和连接点的损伤。

（3）测量仪器

集成电路测试所用的测量仪器，应与接地干线共地，接地电阻应不大于 0.1 Ω。

4.3.1.5　集成电路的安装与焊接

集成电路的安装，要注意安装方向，焊接时先焊电源高端（V_{DD}），后焊电源低端（V_{SS}），再焊输出端。

4.3.1.6　元器件的安装与焊接

电子元器件必须进行严格筛选，筛选后的合格产品才能装联。待装印制电路板的名称、图号应符合设计图纸要求，并应具有检验合格的标记。若无合格标记，装联人员有权拒绝装联。

在装联前电子元器件要完成成形工艺。成型工具必须表面光滑，在使用时不应使元器件引线产生刻痕或损伤。在引线弯曲成型过程中，不应使元器件产生本体破裂，密封损坏或开裂，也不应使引线与元器件内部连接断开。元器件引线弯曲成形后，应放入有盖的容器中加以保护。

电子元器件装联的次序原则上是先低后高（如先电阻、电感后器件），先轻后重（如先电容后继电器），先一般后特殊（如先分离件后集成电路）。

焊点外观应光洁，平滑，均匀，无气泡，无针孔等缺陷。不允许有虚焊或漏焊。焊锡要适量，焊点应略显露引线轮廓，引线露出焊点的高度为 0.5 ~ 1 mm。

印制电路板组装件在装联结束后应自检，并用 3 ~ 5 倍的放大镜进行外观检查。检验合格的印制电路板要填写加工工艺卡。

4.3.1.7　印制电路板清洗

印制电路板焊接完成后应进行清洗。有条件的可用超声波清洗机清洗，无条件的可采用人工清洗的办法。

清洗后的工件表面应洁净，无焊剂残留物、灰尘和其他多余物。清洗后的印制电路板组装件应干净，元器件无损坏、断线、划伤等现象。

4.3.1.8　防护漆喷涂

海洋仪器设备工作在高温、高湿、高盐的恶劣环境当中，为了保证产品的可靠性，印制电路板应进行防潮、防霉、防盐雾喷涂处理的工艺。

涂敷材料可采用 7385（7182）聚氨酯清漆和 PPS 聚氨酯有机硅改性绝缘漆等材料。防护漆的喷涂应在专业实验室由专业技术人员操作进行。

清洗后的印制电路板在喷涂前应进行预烘去湿处理。

印制电路板进行烘干处理后，应先将不需喷涂的部位进行保护，再提交专业人员进行喷涂。

喷涂后目测涂层应均匀，无局部堆积现象，应光滑、光泽、无气泡。用手指用力按压涂层，不应有黏手和压陷指纹现象。

4.3.2　机装工艺

悬浮颗粒现场测量仪的机装工艺是指光学系统、控制系统和壳体机械结构件的安装工艺。

4.3.2.1　装前准备工作

研究产品图纸和装配时应满足的技术要求，分析产品结构与装配精度有关的装配尺寸链。

制定合理的装配程序，选定装配基准件或部件，以保证装配质量，并避免不必要的重复拆装。

编制装配工艺卡片，说明工艺技术要求。并根据需要绘制装配示意图或装配工艺系统图。

设计制造专用工、夹、量具，规划吊装运输方法，安排工作场地及安全措施。

4.3.2.2　装配工艺要求

一切零部件必须在加工后检验合格，才能进入装配。单配、选配的零件，在装配前对有关尺寸应严格进行复检，并打好配套标记。

注意加工件的倒角，清除毛刺，防止表面受到损伤。

选好清洗液及清洗方法，将零件清洗洁净，精密零件尤应彻底清洗，并注意干燥及防锈。

零部件装配的程序，在处理好装配的基准件后，一般是先下后上，先内后外，先难后易，先重大后轻小，先精密后一般，视具体情况考虑先后次序，有利于保证装配精度，使装配及校正工作能顺利进行。

用于固定机架、机座的紧固件，在紧固后，螺钉螺母的端面与被紧固零件间的倾斜不得大于1°。

螺栓与螺母拧紧后，螺栓应露出螺母2~4个扣，不要露出过长或过短。

各种密封毡圈，毡垫、石棉绳、皮碗等密封件装配前必须浸透油。钢纸板用热水泡软，紫铜垫作退火处理（加热至600~650℃）后在水中冷却。

4.3.3　部件及整件加工、调试要求

（1）部件及整件加工要求
①加工件名称；②所需元器、整件表；③装配步骤要求；④示意图或表。
（2）部件及整件调试要求
①调试部件名称；②调试需用设备仪表名称、规格、数量；③要达到的指标；④调试步骤；⑤调试记录。

4.3.4　整机装配、调试

对需要装配的部件或整件要填写部件及整件装配工艺卡，装配调试过程中遇到故障需填写故障处理记录卡。

①装配工艺卡应具有下列内容：需用器件清单、装配说明。整机流程卡，填写内部主要部件的标识号码，必要时加示意图表。

②整机装配前应先将电缆连接器、电缆连接线等附件按工艺要求加工完毕，并检验合格。

③整机装配应按工艺流程图进行。装配应遵循以下要求：先装结构件、后装电子器件；先装零部件、后装电路板；由内向外的装配原则。

④为保证仪器运输可靠性，每个螺钉连接处的弹簧垫圈应压平。

⑤整机调试工艺文件应具备以下内容：调试整机名称；调试需用设备仪表名称、规格、数量；要达到的指标；调试步骤。

4.4　图像处理

悬浮颗粒图像处理属于数字图像处理。数字图像处理（Digital Image Processing）又称为计算机图像处理，它是指将图像信号转换成数字信号并利用计算机对其进行处理的过程。对于悬浮颗粒图像处理具体的要求是先将悬浮颗粒图像边缘提取出来，计算颗粒边缘包围的面积，进一步计算出颗粒的等效粒径。

通过网络搜寻可以快速地了解相关技术的历史背景、发展现状以及图像处理的主要方法从而针对颗粒图像测量的要求提出分析软件开发要求。

4.4.1　数字图像处理概述

数字图像处理最早出现于 20 世纪 50 年代，当时的电子计算机已经发展到一定水平，人们开始利用计算机来处理图形和图像信息。数字图像处理作为一门学科大约形成于 20 世纪 60 年代初期。早期的图像处理的目的是改善图像的质量，它以人为对象，以改善人的视觉效果为目的。图像处理中，输入的是质量低的图像，输出的是改善质量后的图像，常用的图像处理方法有图像增强、复原、编码、压缩等。首次获得实际成功应用的是美国喷气推进实验室（JPL）。他们对航天探测器"徘徊者 7 号"在 1964 年发回的几千张月球照片使用了图像处理技术，如几何校正、灰度变换、去除噪声等方法进行处理，并考虑了太阳位置和月球环境的影响，由计算机成功地绘制出月球表面地图，获得了巨大的成功。随后又对探测飞船发回的近十万张照片进行更为复杂的图像处理，以致获得了月球的地形图、彩色图及全景镶嵌图，获得了非凡的成果，为人类登月创举奠定了坚实的基础，也推动了数字图像处理这门学科的诞生。在以后的宇航空间技术，如对火星、土星等星球的探测研究中，数字图像处理技术都发挥了巨大的作用。数字图像处理取得的另一个巨大成就是在医学上获得的成果。

1972 年英国 EMI 公司工程师 Hounsfield 发明了用于头颅诊断的 X 射线计算机断层

摄影装置，也就是我们通常所说的 CT（Computer Tomograph）。CT 的基本方法是根据人的头部截面的投影，经计算机处理来重建截面图像，称为图像重建。

1975 年 EMI 公司又成功研制出全身用的 CT 装置，获得了人体各个部位鲜明清晰的断层图像。1979 年，这项无损探伤诊断技术获得了诺贝尔奖，说明它对人类做出了划时代的贡献。与此同时，图像处理技术在许多应用领域受到广泛重视并取得了重大的开拓性成就，属于这些领域的有航空航天、生物医学工程、工业检测、机器人视觉、公安司法、军事制导、文化艺术等，使图像处理成为一门引人注目、前景远大的新型学科。随着图像处理技术的深入发展，从 20 世纪 70 年代中期开始，随着计算机技术和人工智能、思维科学研究的迅速发展，数字图像处理向更高、更深层次发展。人们已开始研究如何用计算机系统解释图像，实现类似人类视觉系统理解外部世界，这被称为图像理解或计算机视觉。很多国家，特别是发达国家投入更多的人力、物力到这项研究，取得了不少重要的研究成果。其中代表性的成果是 20 世纪 70 年代末 MIT 的 Marr 提出的视觉计算理论。这个理论成为计算机视觉领域其后十多年的主导思想。图像理解虽然在理论方法研究上已取得不小的进展，但它本身是一个比较难的研究领域，存在不少困难，因人类本身对自己的视觉过程还了解甚少，因此计算机视觉是一个有待人们进一步探索的新领域。

4.4.2　图像处理的主要目的

一般来讲，对图像进行处理（或加工、分析）的主要目的有以下 3 个方面。

第一，提高图像的视感质量，如进行图像的亮度、彩色变换，增强、抑制某些成分，对图像进行几何变换等，以改善图像的质量。

第二，提取图像中所包含的某些特征或特殊信息，这些被提取的特征或信息往往为计算机分析图像提供便利。提取特征或信息的过程是模式识别或计算机视觉的预处理。提取的特征可以包括很多方面，如频域特征、灰度或颜色特征、边界特征、区域特征、纹理特征、形状特征、拓扑特征和关系结构等。

第三，图像数据的变换、编码和压缩，以便于图像的存储和传输。

不管是何种目的的图像处理，都需要由计算机和图像专用设备组成的图像处理系统对图像数据进行输入、加工和输出。

4.4.3　图像处理的主要内容

数字图像处理主要研究的内容有以下几个方面。

（1）图像变换

由于图像阵列很大，直接在空间域中进行处理，涉及计算量很大，因此，往往采用各种图像变换的方法，如傅立叶变换、沃尔什变换、离散余弦变换等间接处理技术，将空间域的处理转换为变换域处理，不仅可减少计算量，而且可获得更有效的处理（如傅立叶变换可在频域中进行数字滤波处理）。目前新兴研究的小波变换在时域和频域中都具有良好的局部化特性，它在图像处理中也有着广泛而有效的应用。

（2）图像编码压缩

图像编码压缩技术可减少描述图像的数据量（即比特数），以便节省图像传输、处理时间和减少所占用的存储器容量。压缩可以在不失真的前提下获得，也可以在允许的失真条件下进行。编码是压缩技术中最重要的方法，它在图像处理技术中是发展最早且比较成熟的技术。

（3）图像增强和复原

图像增强和复原的目的是为了提高图像的质量，如去除噪声，提高图像的清晰度等。图像增强不考虑图像降质的原因，突出图像中所感兴趣的部分。如强化图像高频分量，可使图像中物体轮廓清晰，细节明显；如强化低频分量可减少图像中噪声影响。图像复原要求对图像降质的原因有一定的了解，一般来讲，应根据降质过程建立"降质模型"，再采用某种滤波方法，恢复或重建原来的图像。

（4）图像分割

图像分割是数字图像处理中的关键技术之一。图像分割是将图像中有意义的特征部分提取出来，其有意义的特征有图像中的边缘、区域等，这是进一步进行图像识别、分析和理解的基础。虽然目前已研究出不少边缘提取、区域分割的方法，但还没有一种普遍适用于各种图像的有效方法。因此，对图像分割的研究还在不断深入之中，是目前图像处理中研究的热点之一。

（5）图像描述

图像描述是图像识别和理解的必要前提。作为最简单的二值图像可采用其几何特性描述物体的特性，一般图像的描述方法采用二维形状描述，它有边界描述和区域描述两类方法。对于特殊的纹理图像可采用二维纹理特征描述。随着图像处理研究的深入发展，已经开始进行三维物体描述的研究，提出了体积描述、表面描述、广义圆柱体描述等方法。

（6）图像分类（识别）

图像分类（识别）属于模式识别的范畴，其主要内容是图像经过某些预处理（增强、复原、压缩）后，进行图像分割和特征提取，从而进行判决分类。图像分类常采用经典的模式识别方法，有统计模式分类和句法（结构）模式分类，近年来新发展起来的模糊模式识别和人工神经网络模式分类在图像识别中也越来越受到重视。

4.4.4　图像处理的应用工具

数字图像处理的工具可分为三大类：第一类包括各种正交变换和图像滤波等方法，其共同点是将图像变换到其他域（如频域）中进行处理（如滤波）后，再变换到原来的空间（域）中；第二类方法是直接在空间域中处理图像，它包括各种统计方法、微分方法及其他数学方法；第三类是数学形态学运算，它不同于常用的频域和空域的方法，是建立在积分几何和随机集合论的基础上的运算。

由于被处理图像的数据量非常大且许多运算在本质上是并行的，所以图像并行处理结构和图像并行处理算法也是图像处理中的主要研究方向。

4.4.5 悬浮颗粒图像的特点

悬浮颗粒图像是指由"悬浮颗粒图像仪"现场拍摄的悬浮颗粒图像（图 4-1）。"悬浮颗粒图像仪"实际上是一种水下全自动显微照相机。该仪器的自动采样机构模拟了实验室人工制作载玻片的全过程，可以在水下实现薄层水体的隔离、图像拍摄。采样水体的厚度是预先设定好的，为了测量颗粒的大小，在显微镜物平面上的动片表面刻有间隔为 50 μm 的平行线，因此，利用"悬浮颗粒图像仪"拍摄的悬浮颗粒图像具有以下特点（图 4-1）。

①悬浮颗粒图像包括悬浮颗粒的像和间隔为 50 μm 的平行线的像。

②由于采样厚度已知，图像中的颗粒数即为采样体积内的颗粒数。

③由于现场水流速度、水的混浊度不断变化，因此悬浮颗粒图像的边界比较模糊，灰度层次丰富，清晰度低。

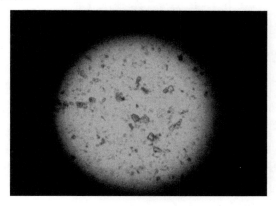

图 4-1 悬浮颗粒图像（拍摄地点：芦潮港码头）

④悬浮颗粒的几何形状。由现场拍摄的悬浮颗粒图像可知，悬浮颗粒由近似为圆形的基本颗粒（小于 30 μm）和由基本颗粒构成的絮凝颗粒组成。海流将使得图像的投影形状在流速方向上变长，长径比变大。按照 1934 年瑞士学者津格（Zingg Th.）提出的球度系数式（4-1），可对悬沙颗粒的球度系数进行计算。

$$\Lambda = \sqrt[3]{\left(\frac{b}{a}\right)^2 \left(\frac{c}{b}\right)} \qquad (4-1)$$

式中：a、b、c 分别为表示颗粒 3 个互相垂直的最长轴、中间轴和最短轴的长度。由公式（4-1）计算并绘出 Λ 与 $\frac{b}{a}$、$\frac{c}{b}$ 的关系曲线见图 4-2。图中划分为 Ⅰ、Ⅱ、Ⅲ、Ⅳ 4 个区域，分别相当于一定的颗粒形状：Ⅰ 为球形，Ⅱ 为盘形，Ⅲ 为柱形，Ⅳ 为菱形。

对芦潮港海水中的悬浮颗粒多次测量结果表明，基本颗粒的 3 个轴长平均值分别为 $a \approx 6$ μm，$b \approx 5$ μm，$c \approx 4$ μm。$c/b = 2.4/3$，$b/a = 2.5/3$。处于图 4-2 的 Ⅰ 区，球度系数大于 0.7，属于球形颗粒，因此，计算颗粒体积时，可做球形等效。

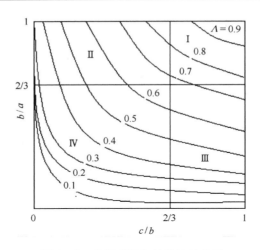

图 4 - 2 球度系数与轴长比的关系

4.4.6 悬浮颗粒图像处理

悬浮颗粒图像处理不同于给人观察和评价的图像处理。悬浮颗粒图像处理的目的是通过准确的描述颗粒边界，正确地计算颗粒投影面积从而计算颗粒等面积直径，并统计计数。悬浮颗粒图像处理包括图像识别和粒径测量统计计数。

利用计算机自动识别图像，对于海水中的悬浮颗粒尤其是微藻来说是一件十分困难的事，至今还没有很好的分析方法。要识别微藻，就要建立微藻的特征数据库。微藻的图像只能提供形貌特征和部分光学特征，由于微藻在不同的生长阶段、不同的观察角度其形貌各不相同，加之有些微藻的角毛十分纤细，藻体各部分的灰度差异很大，这些特点给图像判别带来极大的困难。目前，悬浮颗粒图像处理主要指为更好地确定悬浮颗粒边界进行的图像预处理和颗粒粒径测量以及统计计数。

图像预处理是通过对原图像去除噪声、边缘提取、边缘增强等一系列操作，突出颗粒图像边缘，匀化背景，为颗粒图像的二值化做准备。图像预处理好，二值化图的大小与原图大小一致，测量结果准确，反之，测量结果误差大甚至错误，因此，图像预处理在颗粒图像分析软件中是非常重要的。图像分析主要包括颗粒充填、粘连颗粒分割、颗粒粒径测量、颗粒计数、测量报告等功能。

4.4.6.1 颗粒图像处理原理及其存在的问题

颗粒的数字图像是由灰度不同的像素构成的面阵。为了计算颗粒粒径，需要对颗粒图像进行处理，将原图转换为颗粒图像边缘闭合且不改变大小的黑白图像，然后才能统计计数。

颗粒图像处理的基本过程如下：对原图做滤波，降低噪声；对原图做二值化处理；分析、计数。在颗粒图像处理过程中，对原图的二值化处理好坏是影响分析结果的最重要的因素。

图像二值化是图像处理的基本技术，而选取合适的分隔阈值是图像二值化的重要步骤。对于灰度图像，如果将像素的灰度分为 256 个灰度级（8 Bit），选择一个或几个灰度值（t，$0 \leqslant t \leqslant 255$）将目标和背景分开，这个灰度值（$t$）称为阈值。凡是灰度大于阈值的像素设成 255，灰度小于阈值的设成 0。这样处理后的图像就只有黑白二色，从而将灰度范围划分成目标和背景两类，实现了图像的二值化。

阈值选取不好会直接影响二值化图的质量，例如，二值化图边缘不闭合、变形、扩大或缩小等。很显然，上述问题都会对测量结果带来误差，甚至错误。为了避免这种问题的发生，发展了多种计算机图形自动识别算法，包括全局阈值方法和局部阈值方法。

无论是全局阈值法还是局部阈值法，无论阈值如何选取，由于要将 256 个灰度级组成的灰度图像，转化为只有 0 和 255 两个灰度，绝大多数灰度大于 0 小于 255 的像素都做了近似处理，或者说损失了图像信息，因此，二值化图与原图的差异是不可避免的。

既然图像的二值化处理存在天然缺陷，那么是否存在更好的方法来减少颗粒图像分析仪的测量误差呢？答案是肯定的。事实上，由颗粒图像分析仪的构成可知，它包括硬件部分和分析软件，既然分析软件存在天然缺陷，那么是否可从硬件上寻找突破？如果硬件拍摄的图像本身就接近二值化图像，或者说大部分像素的灰度集中在两个反差很大的灰度附近，那么直接二值化处理也不会丢失太多的图像信息。

4.4.6.2　去除干扰处理

为了消除图像背景不均匀造成的影响，首先利用差影法将原图像与背景做减法，除去光源引起的背景不均匀，然后通过平滑操作减小热电子、采样、量化、传输以及图像采集过程中环境扰动在图像中产生的噪声和其他不良影响。选用中值滤波算法，可以克服线性滤波器带来的图像细节的模糊，并且对于滤除脉冲干扰和图像扫描噪声最为有效。对信息微弱的图像进行灰度直方图均衡增强处理，从而达到提高对比度的效果，以利于阈值分割。

4.4.6.3　Otsu 算法与最佳阈值选取

最大类间方差法是由 Otsu 于 1979 年提出的。Otsu 算法的基本思路是用某一假定的灰度值将组成图像的具有不同灰度的像素分成两类，当两类的类间方差最大且类内方差最小时，可获得最佳二值化分隔，所假定的阈值就是最佳阈值（t）。

一幅图像中包括有不同灰度的像素组成的目标物体、背景还有噪声，当确定了阈值（t）之后，用 t 将图像的像素分成两部分：灰度大于 t 的像素群和灰度小于 t 的像素群，颗粒图像转化为黑白图像。

设像素的灰度级为 G，灰度值为 i 的像素数为 n_i，则总的像素数是 $N = \sum_{i=0}^{G-1} n_i$，各灰度值像素出现的概率是 $p_i = n_i / N$，显然 $p_i \geqslant 0$ 且 $\sum_{i=0}^{G-1} p_i = 1$。如果将颗粒图像转化为黑白图像就意味着转化后的二值化图像只有两个灰度值，在 8 bit 情况下，转化后的二值化图就只有灰度为 0 或 255 两种像素，原图中具有不同灰度的 $N = \sum_{i=0}^{G-1} n_i$ 个像素要转化并重新归类。哪些像素归于白色，哪些像素归于黑色，取决于灰度值 t，将大于 t 的像素群的像素值设定为白色（或者黑色），小于 t 的像素群的像素值设定为黑色（或者白色)。那么，灰度级为 $0 \sim t$ 的像素群构成图像背景 A，灰度级为 $t+1$ 到 $L-1$ 的像素群构成目标物体 B。

A 类和 B 类出现的概率及均值为：

$$\text{概率} \, p_A = \sum_{i=0}^{t} p_i \, , \, P_B = \sum_{i=t+1}^{G-1} p_i = 1 - P_A \tag{4-2}$$

$$\text{均值} \, \omega_A = \sum_{i=0}^{t} ip_i/p_A \, , \, \omega_B = \sum_{i=t+1}^{G-1} ip_i/P_B \tag{4-3}$$

图像总的灰度均值为：

$$\omega_0 = P_A \omega_A + P_B \omega_B = \sum_{i=0}^{G-1} ip_i \tag{4-4}$$

A 类和 B 类的方差为：

$$\sigma_A^2 = \sum_{i=0}^{t} (i - \omega_A)^2 p_i/P_A \, , \, \sigma_B^2 = \sum_{i=t+1}^{G-1} (i - \omega_B)^2 p_i/P_B \tag{4-5}$$

A、B 两区域的类间方差为：

$$\sigma^2 = P_A(\omega_A - \omega_0)^2 + P_B(\omega_B - \omega_0)^2 \tag{4-6}$$

显然，ω_0、P_A、ω_A、P_B、ω_B、σ^2 都是关于灰度级 t 的函数。

为了得到最优分隔值，Otsu 把两类的类间方差作为判别准则，认为使得 σ^2 值最大的 t^* 即为所求的最佳阈值：

$$t^* = \text{Arg} \max_{0 \leqslant t \leqslant G-1} \left[P_A(\omega_A - \omega_0)^2 + P_B(\omega_B - \omega_0)^2 \right] \tag{4-7}$$

4.4.6.4　最佳颗粒图像

通过拍摄并分析颗粒图像获得正确的颗粒大小是对颗粒图像分析仪的基本要求。对颗粒图像的处理众多研究人员做了大量工作，但对如何拍摄到易于处理的颗粒图像尤其是针对易于做二值化处理的图像拍摄报道不多。从图像的灰度直方图可知，具有双峰结构的灰度直方图的图像，意味着背景和颗粒差异明显，因此，二值化处理方便。如果拍摄的颗粒图像其灰度直方图具有双峰结构，且峰间分布值远小于峰值，将极大地简化算法，为颗粒处理过程减少人工参与，实现真正的自动化奠定基础。事实上，通过改变照明光源的波长、亮度、照射角度、背景条件即可获得易于处理的颗粒图像，利用颗粒图像分析软件对颗粒图像可直接做 Otsu 二值化处理，无须进行其他操作。

由方差理论可知，方差越小，离散性越小，说明灰度值越集中，也即式（4-5）中的 $(i - \omega_A)$ 和 $(i - \omega_B)$ 越小灰度离散性越小。实际中可以实现的情况是：拍摄的图像背景为黑色，选择 $t = 0^+$，那么 $(i - \omega_A) = 0$，这种情况下，所有 t 大于 0 的像素都归于 B 类，如果设法使拍摄的照片的 σ_B^2 尽可能的小，那么这样的图像将最易做二值化处理。对于背景为白色的情况，由于实际中，照明光源很难均匀，所以 $(i - \omega_B) = 0$ 的情况难以实现。

对于黑色背景图像，按 Otsu 阈值选取方法，经二值化后重构的黑白图像存在两种可能的误差：①颗粒的灰度离散性越大，灰度均值越小。类间方差 σ^2 最大时所对应的阈值 t 将大于 0，也就是说，一部分灰度小的颗粒因为划为背景 A 将不再存在。②颗粒的边界处灰度大于 t 的颗粒越多，颗粒将变大，反之缩小。

根据上面的分析，概括起来：黑色背景，物体部分 B 的方差尽可能小，是最佳颗粒图像。

从灰度图判断，图像的灰度图左侧代表黑色的灰度分布和右侧代表白色的灰度分布大，中间过渡区幅度越低，这样的颗粒图像最易做二值化处理。

4.4.6.5　不同图像的灰度分布与二值化处理结果

图 4-3 给出了白色图像（左侧）的灰度直方图（右侧），所有像素均为白色，灰度直方图最右侧有一条很高的直线。图 4-4 给出了黑色图像（左侧）的灰度直方图（右侧），所有像素均为黑色，灰度直方图最左侧有一条很高的直线。

　　图 4-3　白色图像及其灰度直方图　　　　　图 4-4　黑色图像及其灰度直方图

图 4-5 是白光透射式照明条件下的标准颗粒图像，右侧是它的灰度直方图。从右侧灰度分布可以看出颗粒与背景反差很小，背景不均匀，不具备双峰结构，类内方差较大，根据上面的理论分析，该图二值化处理后效果不好。图 4-6 是二值化处理后的结果，证明了上面的理论判断，二值化图四角颗粒没有反映，中心颗粒也出现丢失。

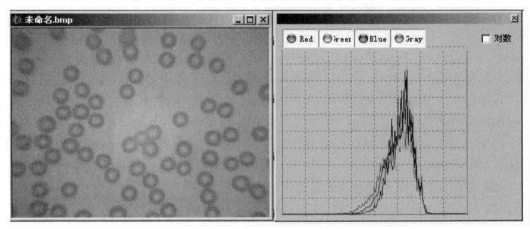

图 4-5　标准颗粒图像与灰度分布

彩图 1 至彩图 4 是分别采用红、蓝光落射照明、背景为黑色情况下拍摄的泥沙颗粒

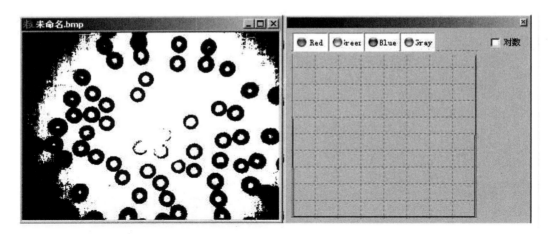

图 4 – 6   标准颗粒的二值化图像与灰度分布

图像，由于改善了背景和照明条件，拍摄的图像都具有双峰结构的灰度分布，二值化图效果得到了极大改善，比起通过软件处理要简单得多。

4.4.6.6   分色图对颗粒测量结果的影响

彩图 7、彩图 9、彩图 11 是从彩图 5 中分别提取出的蓝色部分、绿色部分和红色部分构成的泥沙颗粒图。利用原图和分色图分别处理，得到的颗粒数和颗粒分布都有区别，这也正好说明，构成彩色颗粒图的三基色成分各不相同，同时说明颜色光源颜色对颗粒测量也有影响。

4.4.6.7   多色图的灰度分布

彩图 13、彩图 14 是黑色背景和白色背景上的多种颜色的颗粒图，不同的颜色灰度不同，更重要的是从灰度图可以看出，离散的线状多峰值灰度图，用 Oust 算法也可以得到二值化图，但灰度质地的颗粒丢失。彩图 13 和彩图 15 互为补色。从它们的灰度分布也可以看出：彩图 13 右侧的灰度图与彩图 15 右侧的灰度图灰度分布正好相反，经二值化处理后的情况更加明显（见彩图 14 右侧的灰度图和彩图 16 右侧的灰度图）。两图中的色光混合之后，呈现出白色。

4.4.6.8   结 论

围绕 Outs 算法对颗粒图像的要求，通过对颗粒图像灰度分布与二值化处理效果的相关性研究，得出以下结论。

①颗粒图像的背景和颗粒像的灰度分布方差越小越好。

②单色背景对提高图像二值化效果最有利。

③落射光照明拍摄的颗粒图像易于得到闭合边界颗粒图像。

④不同的处理过程都对处理结果有影响，因此处理步骤必须固定，处理结果的重复性才有保证。

⑤多灰度分布峰，只要各峰对应的方差足够小，就可以做很好的不失真二值化处理。

4.4.6.9　图像分析

（1）图像处理软件界面和像素比例的确定

图像处理软件界面如图 4 - 7 所示。

图 4 - 7　图像分析软件界面（1）

用鼠标左键单击"文件"菜单，出现如图 4 - 8 所示的对话框。

图 4 - 8　图像分析软件界面（2）

　　在"文件"菜单对话框中单击"打开"，出现如图4-9所示的对话框，此时，选择你已经存好的文件，双击文件名，打开文件如图4-10所示。

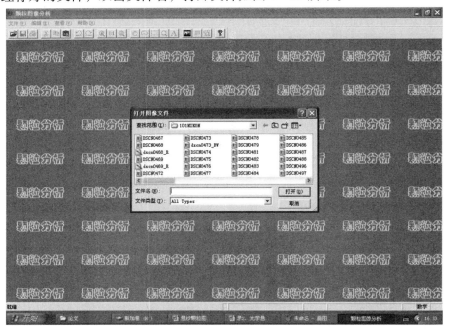

图4-9　图像分析软件界面（3）

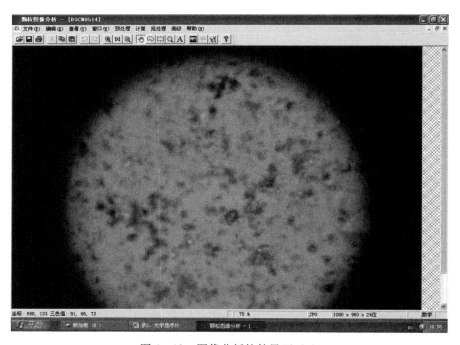

图4-10　图像分析软件界面（4）

　　用鼠标移动箭头，指向图中横线和竖线的交叉点上，点击鼠标右键，出现如图 4 - 11 所示的对话框。

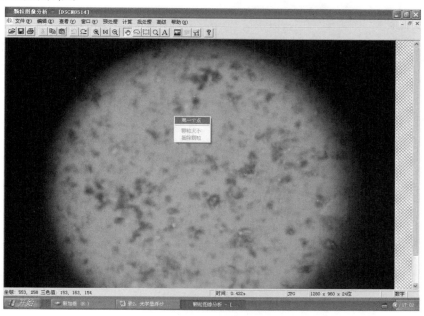

图 4 - 11　图像分析软件界面（5）

　　用鼠标左键单击"第一个点"，则选定第一个点。然后将鼠标移向相邻的第二个交叉点，再单击鼠标右键，出现如图 4 - 12 所示的对话框。

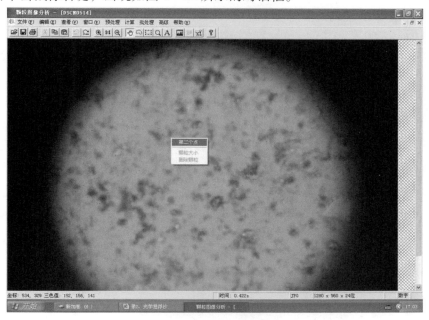

图 4 - 12　图像分析软件界面（6）

用鼠标左键单击"第二个点",出现如图4－13所示的对话框。

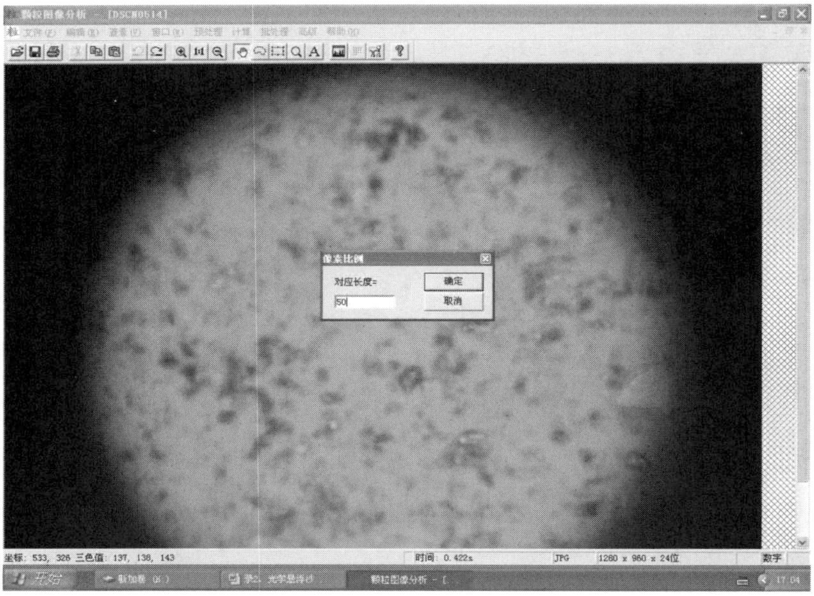

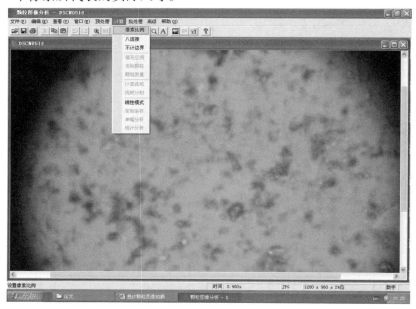

图4－13　图像分析软件界面（7）

已知相邻两线之间的实际间隔为 50 μm,因此,在"对应长度"下方的活动框内填上"50",用鼠标左键单击"确定",至此,像素尺寸的测量就完成了。

此时,用鼠标左键单击"计算"菜单,出现如图4－14所示的下拉菜单,单击下拉菜单第一行中的"像素比例",出现如图4－15所示的对话框。对话框中显示的数字,即为一个像素所代表的实际尺寸。

图4－14　图像分析软件界面（8）

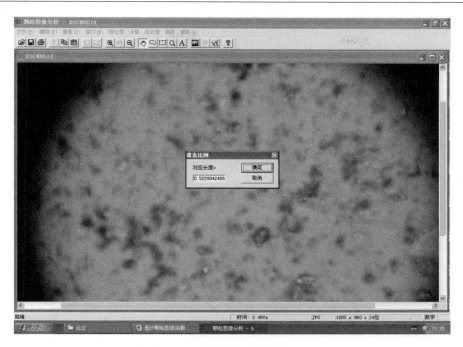

图 4 - 15　图像分析软件界面（9）

（2）图像预处理

用鼠标左键点击"预处理"菜单，如图 4 - 16 所示。

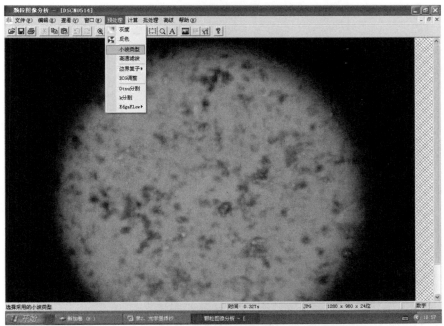

图 4 - 16　图像分析软件界面（10）

在下拉菜单中单击"小波类型"出现如图4－17所示的对话框。在"深度"右边的活动框内填上合适的数字，一般填"4"，单击确定，即完成了小波类型选择。

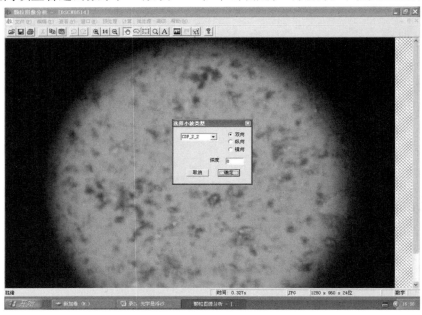

图4－17　图像分析软件界面（11）

单击"预处理"菜单中的"高通滤波"，如图4－18所示，经高通滤波后的图形如图4－19所示。

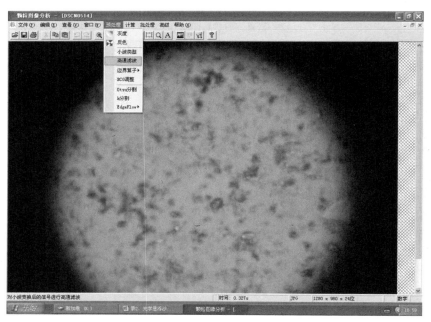

图4－18　图像分析软件界面（12）

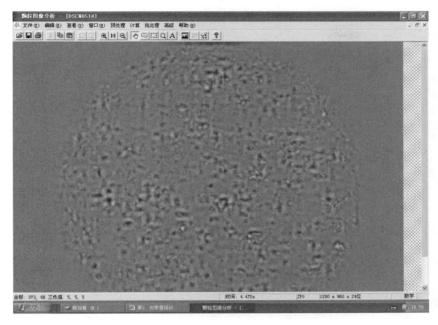

图 4 - 19　图像分析软件界面（13）

　　单击"预处理"菜单中"BCG 调整"（图 4 - 20），出现如图 4 - 21 所示的对话框。拉动"亮度"右边活动框中的活动条至"200%"，然后单击"确定"，获得如图 4 - 22 所示的图形。

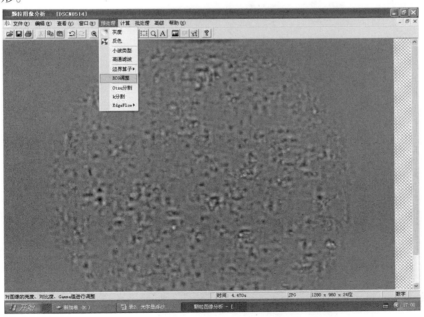

图 4 - 20　图像分析软件界面（14）

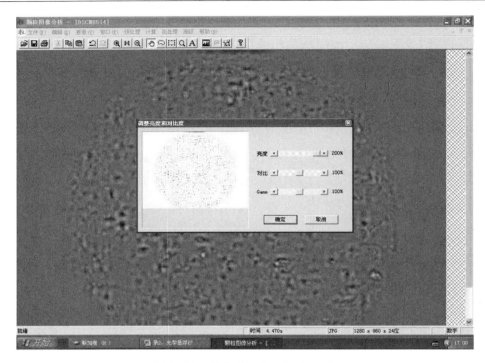

图 4 – 21   图像分析软件界面（15）

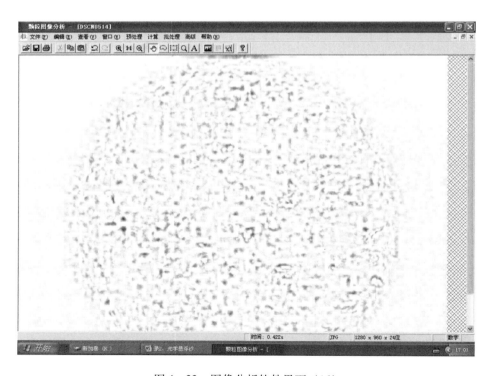

图 4 – 22   图像分析软件界面（16）

在图 4 – 22 的基础上，单击"k 分割"（图 4 – 23），获得的预处理结果如图 4 – 24 所示。

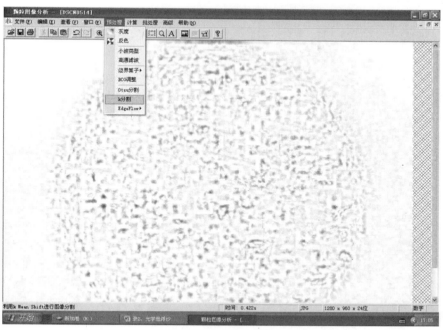

图 4 – 23 图像分析软件界面 (17)

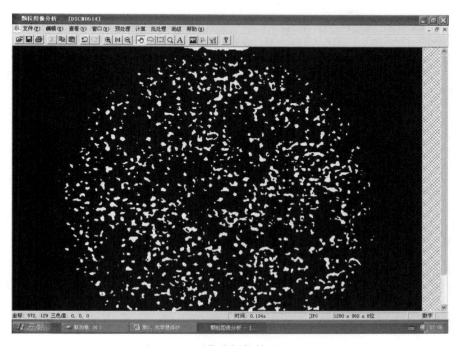

图 4 – 24 图像分析软件界面 (18)

还可以在图 4 - 22 的基础上，单击"Otsu 分割"，然后单击"反色"（图 4 - 25，图 4 - 26），获得与图 4 - 24 类似的结果（图 4 - 27）。至此，图像预处理完成。

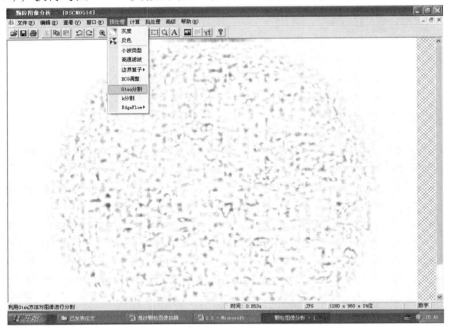

图 4 - 25　图像分析软件界面（19）

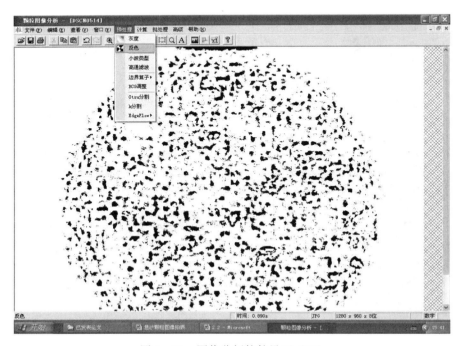

图 4 - 26　图像分析软件界面（20）

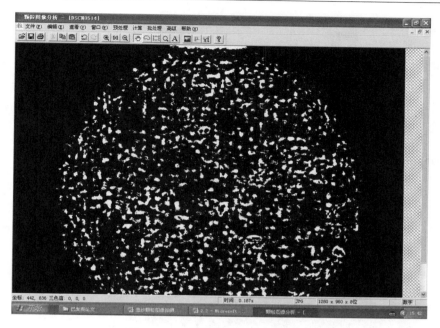

图 4 - 27　图像分析软件界面（21）

（3）图像分析

用鼠标左键单击"计算"菜单，然后单击"填充空洞"，白色闭合区域内的空间将被充填为白色（图 4 - 28）。

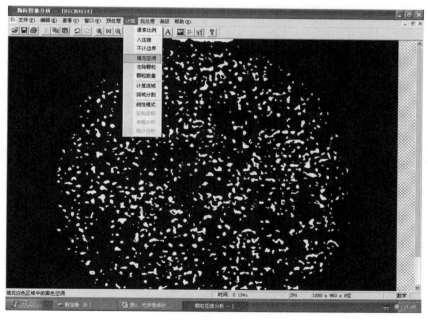

图 4 - 28　图像分析软件界面（22）

　　再选择"去除颗粒"菜单，并单击，出现如图 4 - 29 所示的对话框。经与原图对比，在"像素数少于"和"像素数多于"后面的活动框内填上合适的数据，单击确定，去除伪颗粒，如图 4 - 30 所示。

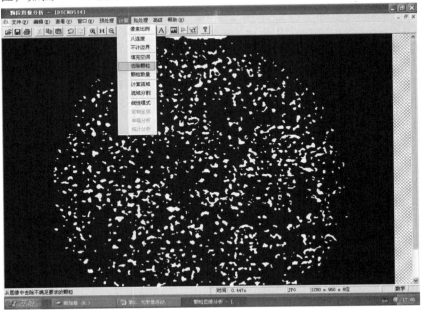

图 4 - 29　图像分析软件界面（23）

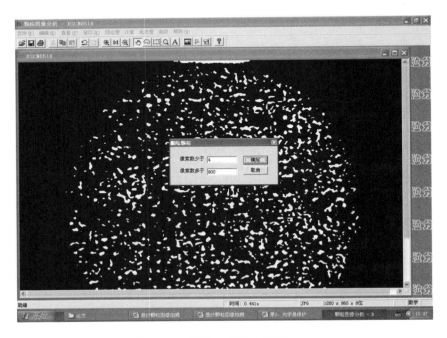

图 4 - 30　图像分析软件界面（24）

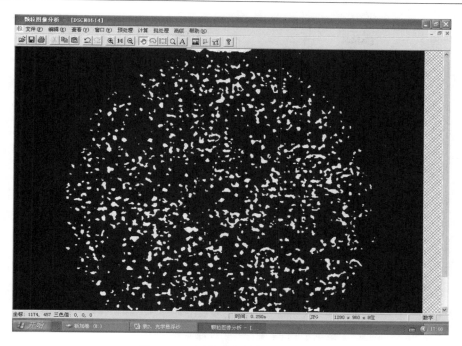

图 4 - 31 图像分析软件界面（25）

单击"颗粒数量"（图 4 - 32），即可给出颗粒数目（图 4 - 33）。

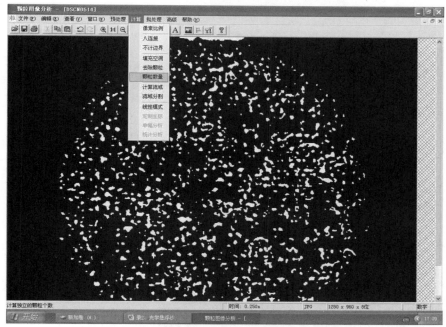

图 4 - 32 图像分析软件界面（26）

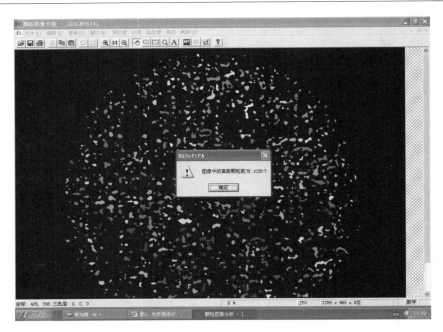

图 4-33　图像分析软件界面（27）

由于实际颗粒中存在黏连颗粒，为了将黏连颗粒分开，软件中设置了自动分割功能，单击"流域分割"菜单实现（图4-34）。"流域分割"后，颗粒的数量由1 035个变为1 277个（图4-35）。

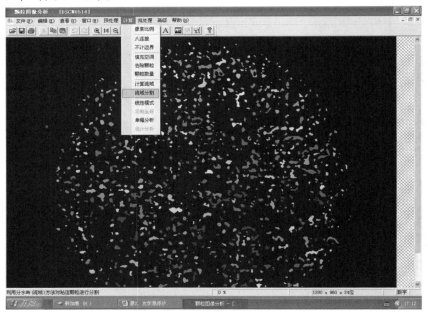

图 4-34　图像分析软件界面（28）

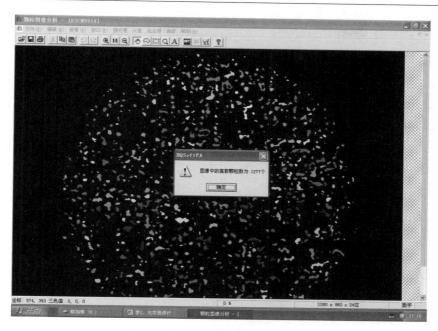

图 4 - 35　图像分析软件界面（29）

　　在"计算"菜单中单击"单幅分析"（图 4 - 36），给出如图 4 - 37 所示的初步分析结果。根据右上角的"分析内容"中最大粒径和最小粒径的数值，选择坐标值，选好后，点击"计算"，单击"确定"，颗粒分析完成。

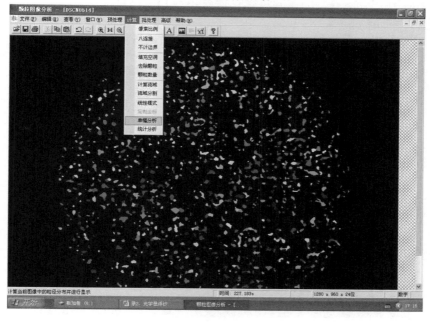

图 4 - 36　图像分析软件界面（30）

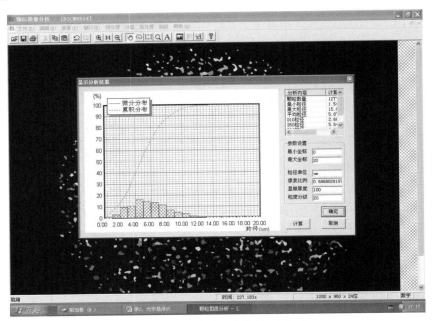

图 4 - 37　图像分析软件界面（31）

（4）分析报告

点击"文件"菜单中的"测试文档"（图 4 - 38），出现如图 4 - 39 所示的对话框，对话框的活动框设置了"样品名称""样品编号""样品来源""检测单位""检测人员""检测时间"等内容，测试者可根据需要填写相应内容。填好后，单击"确定"，"测试文档"自动生成。

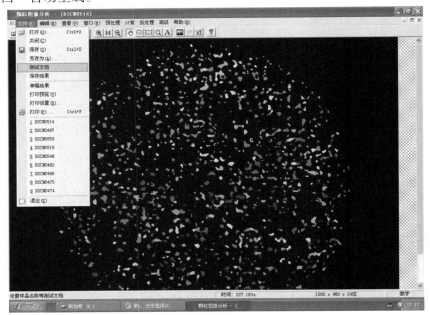

图 4 - 38　图像分析软件界面（32）

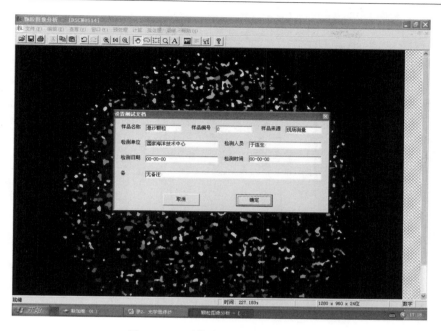

图 4 - 39　图像分析软件界面（33）

　　点击"文件"中的"打印预览"（图 4 - 40），可预览最终的分析报告，如图 4 - 41
所示，也可打印分析报告。

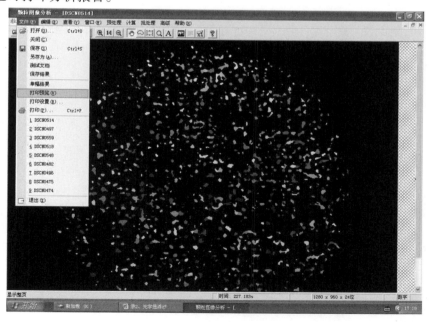

图 4 - 40　图像分析软件界面（34）

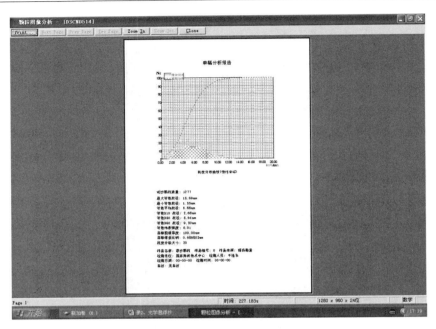

图 4-41 图像分析软件界面（35）

第 5 章 检验验证

检验验证包括标准法、比测法、模拟试验和现场试验。为了使仪器的检验过程规范，检验结果权威，需要对相关的国际标准、国家标准、国家法律法规、比侧计量仪器进行查询。

5.1 标准法

5.1.1 粒径测量精度的标准法检验验证

悬浮颗粒现场测量仪标准法检验验证很简单，通过查询，选用不同粒径的标准颗粒，用悬沙图像仪进行拍摄图像，分析结果与标准颗粒的标称值比对，即可给出粒径的分析误差。图 5-1 是对 10 μm 和 37 μm 标准乳胶球做的分析结果。

5.1.2 浓度测量精度的标准法检验验证

$$浓度 = \frac{颗粒的总体积}{采样水体的体积} \tag{5-1}$$

利用"悬浮颗粒现场测量仪"拍摄标准颗粒的图像，按尺寸标定方法测量采样水体的面积，乘以厚度，得到采样水体体积。人工数出采样水体中标准颗粒的个数，把粒径的标称值代入球体体积公式：

$$V = \frac{4}{3}\pi r^3 \tag{5-2}$$

求出标准颗粒的体积，再乘以个数，得到标准颗粒的总体积。

图 5-2 是利用"悬浮颗粒现场测量仪"拍摄的标准颗粒图像，40 个 10 μm 和 17 个 37 μm 标准颗粒的总体积除以采样水体的体积 0.626 × 0.447 × 0.01（mm³），得到标准颗粒浓度为：

$$浓度 = \frac{10\ \mu m\ 颗粒的体积 \times 40 + 37\ \mu m\ 颗粒的体积 \times 17}{采样水体的体积\ 626 \times 447 \times 10\ （\mu m^3）} \approx 0.169 \tag{5-3}$$

与分析软件分析结果 0.16% 符合很好。

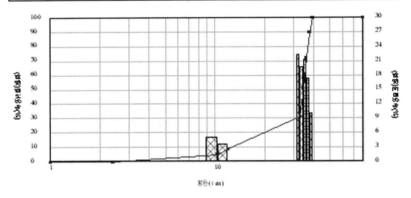

光学悬浮沙粒径谱仪分析报告

样品名称：悬浮颗粒　　　　　　　　　样品来源：工业北京电工研究院
样品编号：GBW 12000　　　　　　　　测试单位：国家海洋技术中心
检测人员：手建生　　　　　　　　　　测试日期：2004-07-27　　测试时间：16:53:37
备注：粒级标准：10μm,37μm……

粒分范围(μm)	区间分布(%)	累计分布(%)	粒分范围(μm)	区间分布(%)	累计分布(%)
0.80-2.40	0.00	0.00	20.08-21.68	0.00	8.78
2.40-4.01	0.00	0.00	21.68-23.29	0.00	8.78
4.01-5.62	0.00	0.00	23.29-24.90	0.00	8.78
5.62-7.22	0.00	0.00	24.90-26.50	0.00	8.78
7.22-8.83	0.00	0.00	26.50-28.11	0.00	8.78
8.83-10.44	5.08	5.08	28.11-29.72	0.00	8.78
10.44-12.04	3.70	8.78	29.72-31.32	0.00	8.78
12.04-13.65	0.00	8.78	31.32-32.93	22.48	31.25
13.65-15.26	0.00	8.78	32.93-34.54	19.77	51.02
15.26-16.86	0.00	8.78	34.54-36.14	21.41	72.43
16.86-18.47	0.00	8.78	36.14-37.75	17.34	89.77
18.47-20.08	0.00	8.78	37.75-39.36	10.23	100.00

颗粒数目：65　　　　　　最大面积：4210.48 μm^2　　　　　　浓度(%)：0.99
最大粒径：39.26 μm　　　最小粒径：0.90 μm　　　　　　　长径比：1.06

D3=9.53 μm	D6=10.69 μm	D10=11.35 μm	D16=11.78 μm	D25=12.72 μm
D40=13.72 μm	D50=14.45 μm	D60=14.64 μm	D75=16.78 μm	D90=18.98 μm

图 5-1　粒径分析标定结果

5.2　比测法

5.2.1　悬沙颗粒图像几何尺寸标定

　　悬浮颗粒图像现场拍摄的目的是要实时测量水中悬浮颗粒的粒径分布和浓度，为了正确地测量悬沙颗粒的大小，需要确定悬沙颗粒与其图像之间的比例关系，建立该关系的过程就是悬沙颗粒图像几何尺寸标定过程。利用 Windows 中的"画图"软件对悬沙

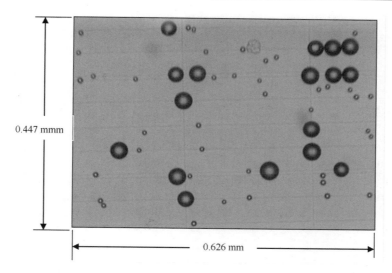

图 5 - 2　利用标准颗粒标定仪器（图中 10 μm 40 个；37 μm 17 个）

颗粒图像的几何尺寸标定步骤如下。

　　利用计算机中的"画图"工具打开悬沙图片（图 5 - 3）。用鼠标左键点击"文件"菜单下的直线图标，按住左键，沿图中的斜线拖动鼠标，将悬浮颗粒图绘成如图 5 - 4 所示的样子。图中斜格子的间距为 50 μm。

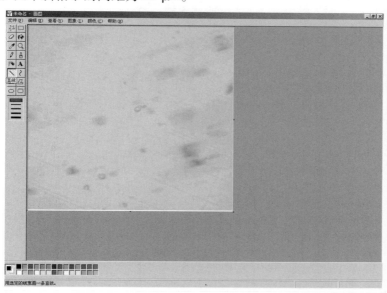

图 5 - 3　图像分析软件界面（1）

　　用鼠标左键点击放大镜再点击"8×"，将图 5 - 4 放大为图 5 - 5 所示的样子。
　　用鼠标左键点击"查看""缩放""显示网格"，图形中出现小方格，每个小方格

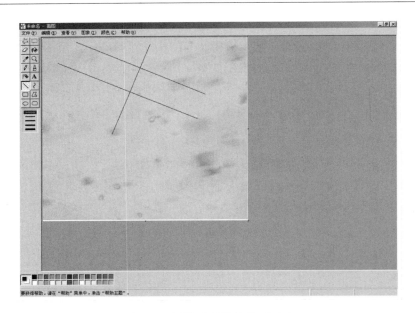

图 5 - 4   图像分析软件界面（2）

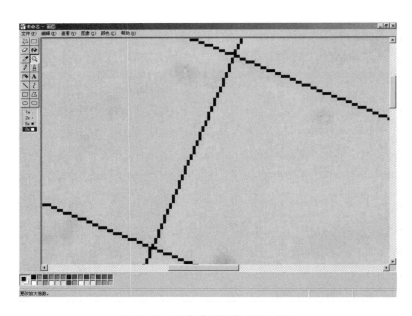

图 5 - 5   图像分析软件界面（3）

称为一个"像素"，如图 5 - 6 所示。

点击"橡皮"，选取最大"□"，鼠标移至图形区，画出如图 5 - 7 所示的图形。

白色部分和黑色斜线构成一直角三角形，数出直角三角形两个直角边的像素数，利用勾股定理，求出斜边的像素数，已知斜边的长度为 40 μm，100 个像素所代表的长度由下式计算：

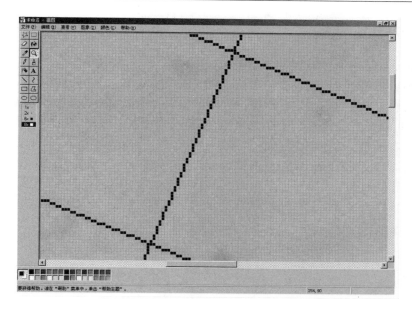

图 5-6　图像分析软件界面（4）

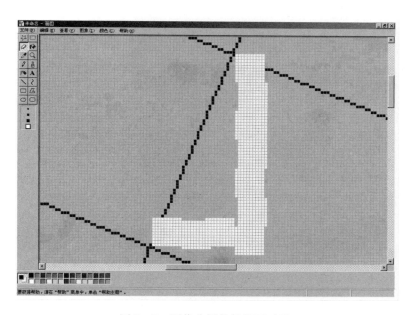

图 5-7　图像分析软件界面（5）

$$100 \text{ 个像素的长度} = \frac{40 \text{ μm}}{\text{斜边的像素数}} \times 100 \qquad (5-4)$$

至此，定标完成。

5.2.2　实验室比测试验

当前，还没有针对激光粒度仪测量泥沙的标准，在这种情况下，根据中国颗粒学会测试专业委员会和国家标准物质中心的规定，颗粒仪器用标准物质标定。但标准物质为球形，泥沙颗粒一般不是球形，因此，将产生误差。庆幸的是泥沙颗粒的球形度大多大于0.7，接近球形，但从光衍射的层面上考虑，衍射光的分布还是有较大的差别，这也就是说，存在误差。为了获得尽可能可信的结果，室内比测装置通过 BT - 9300 激光粒度仪配套的循环搅拌系统，将激光悬沙测量传感器、颗粒图像分析仪和 BT - 9300 激光粒度仪的水路联通，保证3台仪器测量同一种样品（图5-8和图5-9）。同时，利用数字显微镜采样测量分析比较测量结果。

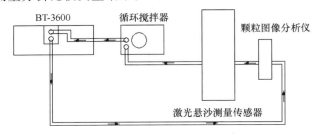

图 5 - 8　比测试验装置框图

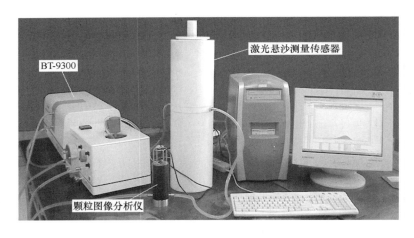

图 5 - 9　实验室比测实验装置

图 5 - 10 是颗粒图像分析仪拍摄的标准颗粒图像；图 5 - 11 是图像法粒度分析结果；图 5 - 12 是 LISST - 100 的测试结果。表 5 - 1 中列出了 4 台仪器测量的中值粒径、与标称值的偏差以及分布区间。

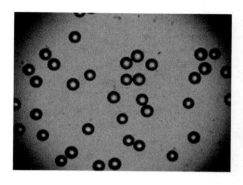

图 5 - 10　标准颗粒图像

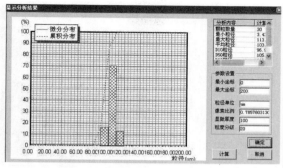

图 5 - 11　颗粒图像分析仪分析结果

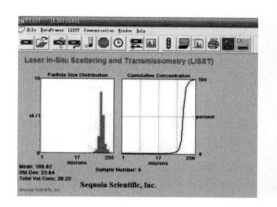
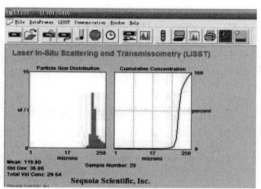

图 5 - 12　LISST - 100 测试结果

表 5 - 1　国家标准颗粒 GBW09701（104.40 μm）的比测结果　　单位：μm

测量仪器	分布区间 $D_{90} \sim D_{10}$	中值粒径 D_{50}	中值粒径偏差
颗粒图像分析仪	12.40	108.435	4.035
BT - 9300 激光粒度仪	87.05	90.97	13.43
激光悬沙测量传感器	40.55	107.250	4.56 ~ 5.25
LISST - 100		108.02 ~ 119.80	3.62 ~ 15.40

5.3　模拟试验

水槽模拟试验的目的：试验水密性能；试验电池容量。

利用国家海洋技术中心实验大楼内的 10 m 深水槽，进行了半个月的连续测量试验。连续测量次数 1 000 次；电池电压范围 9.5 ~ 12 V。

仪器完好，无渗漏，测量过程无误测（图5-13）。

图5-13　水槽试验

5.4　环境试验

环境试验和试验条件依据海洋行业标准 HY 016.2，HY 016.3，HY 016.4，HY 016.5，HY 016.11，HY 016.13，HY 016.14，HY 016.15 的规定进行，具体试验项目和试验条件见表5-2。

表5-2　环境试验项目和试验条件

顺序	试验项目	试 验 条 件
1	低温试验	工作温度0℃，试验持续时间2 h
2	低温储存	储存温度-2℃，持续储存时间10 h
3	高温试验	工作温度40℃，试验持续时间2 h
4	高温储存	储存温度55℃，持续储存时间8 h
5	连续冲击试验	脉冲重复频率：0.7～1.3 Hz； 加速度：50 m/s^2； 脉冲持续时间：16 ms； 连续冲击次数：1 000 次
6	振动试验	5～13 Hz、1.5 mm； 13～100 Hz、10 m/s^2； 自动扫频20个循环
7	摇摆试验	纵摇、幅值±10°、周期5 s；试验持续时间30 min； 横摇、幅值±35°、周期8 s；试验持续时间30 min
8	水静压力试验	1 MPa，试验持续时间2 h

5.5　现场试验

5.5.1　实验场地选择

做现场试验前首先要选择实验场地。实验场地的选择原则是所选海区悬浮颗粒浓度合适、有历史资料比对、便于仪器布放回收。通过对我国沿海各海区水文地质资料信息的查询了解到杭州湾与长江口之间的东海大桥附近海域、芦潮港海域、黄河口海域是比较理想实验场地。

5.5.2　东海大桥试验

2004 年 5 月 29 日，在东海大桥深水港区进行了现场对比试验，渔船锚泊在上述海区，仪器吊挂在船舷上，测量海区水深 15 m，在涨潮期、平潮期和落潮期仪器共布放 3 次，每次布放 6 个不同的水深，同时在相同深度采集水样。共获得 18 幅图片，采集 18 瓶水样。水样送华东师范大学河口海岸国家重点实验室分析，华东师范大学河口海岸国家重点实验室所用粒径分析仪器为 COULTER 公司的 LS 激光粒度仪，浓度测量为滤膜分析法。

由于华师大采用的是激光粒度仪，测量的是激光粒度，光学悬浮沙粒径仪测量的是投影粒度，对于不规则颗粒的测量具有不可比性。庆幸的是，悬沙颗粒的球度系数大多接近圆形，因此，平均粒径和浓度是可以比较的，对比结果见图 5-14。

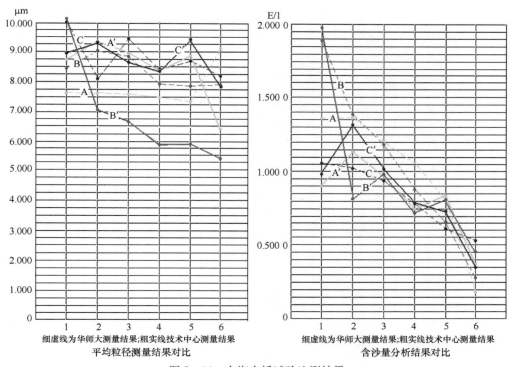

细虚线为华师大测量结果;粗实线技术中心测量结果
平均粒径测量结果对比

细虚线为华师大测量结果;粗实线技术中心测量结果
含沙量分析结果对比

图 5-14　东海大桥试验比测结果

图 5 - 14 中横坐标的 1、2、3、4、5、6 代表水深 14 m、12 m、10 m、8 m、6 m、4 m。深水处颗粒大，浓度高，粒径为 7 ~ 10 μm，浓度在 2‰以内。两种测量方法的结果基本一致。需要指出的是，平均粒径测量结果中，虚线 A（华师大测量）第 6 点粒径最大，与实际情况是矛盾的，该点是表层海水，颗粒应小，可能在测量时有气泡存在。光学悬浮沙粒径谱仪测量结果（实线 A）是符合实际情况的。

由现场拍摄的悬沙照片及分析报告可以看出：两种分析方法所得的结果基本一致，粒径和浓度随水深的变化趋势是一致的。现场图像分析结果略大于实验室分析结果，这可能与现场海流的影响有关。悬沙颗粒粒径主要分布为 5 ~ 30 μm，大颗粒是由小颗粒絮凝形成；体积比含沙率（浓度）为 0.01% ~ 0.14%，对应的含沙量约为 0.03 ~ 0.4 mg/L。深水处颗粒大，浓度高。

5.5.3   芦潮港试验

国家海洋技术中心"悬浮颗粒图像仪"研制组于 2004 年 4 月 22 日至 5 月 28 日在芦潮港海洋站利用"悬浮颗粒图像仪"进行现场试验。仪器布放于芦潮港海洋站验潮井旁的海水中。仪器布放 33 次，连续工作时间最长 10 天，最短 1 天，共获得现场悬浮颗粒数字图片 350 幅。图 5 - 15 是在芦潮港拍摄的部分现场悬浮颗粒图片。

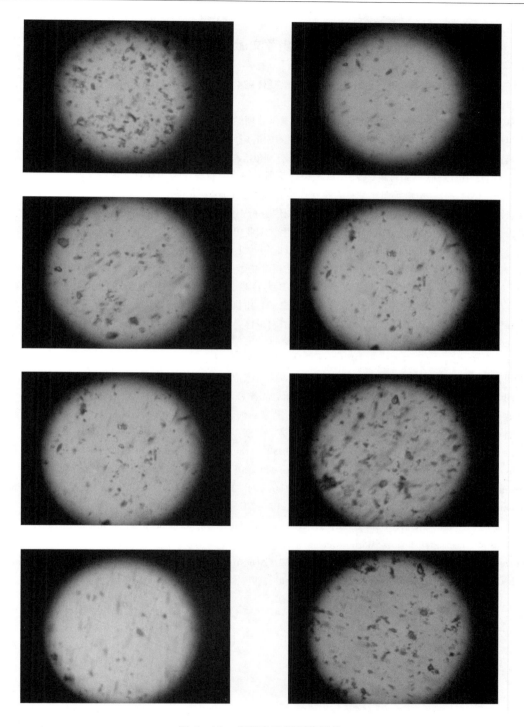

图 5 – 15　芦潮港悬浮颗粒图片

参考文献

程江，何青，王元叶．2005. 利用 LISST 观测絮凝体粒径、有效密度和沉速的垂线分布．泥沙研究，（1）：33 – 39.

杜军兰，陈靖齐，等．2001. 悬浮沙激光散斑图像处理的研究．海洋技术，20（1）：107 – 111.

高建华，等．2004. ADCP 在长江口悬沙输运观测中的应用．地理研究，23（4）：455 – 462.

胡国桢，等．1990. 化工密封技术．北京：化学工业出版社，233 – 265.

《机械设计手册》联合编写组．1979. 机械设计手册．北京：化学工业出版社，399 – 409.

马之庚．2004. 工程塑料手册．北京：机械工业出版社，1 361 – 1 379.

邵若丽，等．2007. CDF（2，2）小波在悬沙图像分析中的应用研究．海洋技术，26（2）：60.

谭蔚．2006. 压力容器安全管理技术．北京：化学工业出版社，4 – 10.

王乃宁，等．2000. 颗粒粒径的光学测量技术及应用．北京：原子能出版社，32.

许华忠．1989. 实用金属材料手册．武汉：湖北科学技术出版社，624 – 637.

《压力容器适用技术丛书》编写委员会．2005. 压力容器设计知识．北京：化学工业出版社，43 – 70.

于连生，等．2005. 大洋山深水港区悬沙现场测量．中国粉体技术，11（11）：230.

于连生，杜军兰，等．2001. 声光悬浮沙粒径谱测量仪．海洋技术，20（1）：104 – 106.

于连生，宋家驹，等．2004. 光学悬浮沙粒径谱仪．海洋技术，23（4）：1.

于连生，宋家驹，等．2005. 长江口悬沙颗粒的现场测量．海洋技术，24（2）：6.

于翔，等．2007. 利用 Adobe Photoshop 对悬浮颗粒图像预处理．海洋技术，26（4）：23.

于翔．2013. 海水中悬浮颗粒图像的二值化问题．海洋技术，32（4）：49.

赵近平．2004. 海洋监测仪器设备成果标准化．北京：海洋出版社．

中国水利学会泥沙专业委员会．1989. 泥沙手册．北京：中国环境科学出版社．

Hanes D M, Vincent C E, Huntley D A, et al. 1988. Acoustic measurements of suspended sand oncentration in the C 2S 2experiment at Stanhope Lane. Prince Edward Island. Marine Geology, 81：185 – 196.

Hequan Sun, Liansheng Yu, et al. 2005. Application of CDF（2，2）to Analysis of Suspended Sediment Lmage. CHINESE PARTICUOLOGY, 3（4）：204 – 207.

Thorne P D, Vincent C E, Hardcastle P J, et al. 1991. Measuring suspended sediment concentrations using acoustic backscatter devices. Marine Geology, 98：7 – 16.

Young R A, Merrill J T, Clarke T L, et al. 1982. Acoustic profiling of suspended sediments in the marine bottom boundary layer. Geophysical Research Letter, 9（3）：175 – 188.

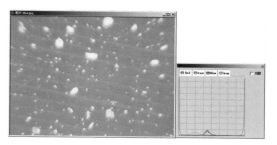

彩图 1　红光落射照明时的泥沙
颗粒图像与灰度分布

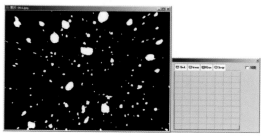

彩图 2　红光落射照明时的泥沙
颗粒二值化图像与灰度分布

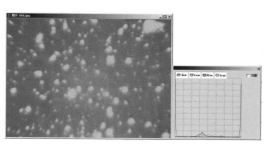

彩图 3　蓝光落射照明时的泥沙颗粒
图像与灰度分布

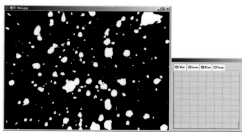

彩图 4　蓝光落射照明时的泥沙颗粒
二值化图像与灰度分布

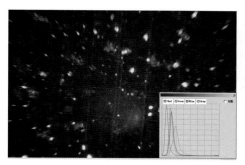

彩图 5　原图与灰度直方图

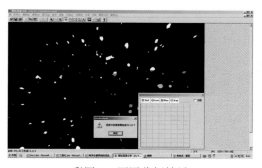

彩图 6　原图分析结果

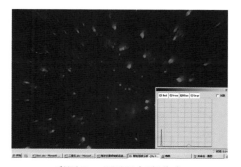

彩图 7　蓝图及灰度分布

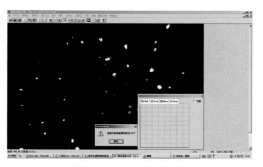

彩图 8　蓝图分析结果

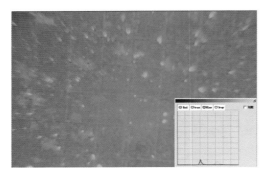

彩图 9　绿图及灰度分布

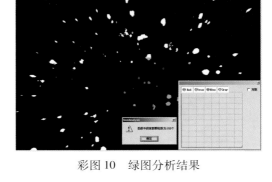

彩图 10　绿图分析结果

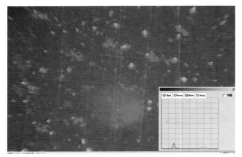

彩图 11　红图及灰度分布

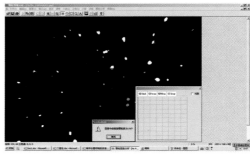

彩图 12　红图分析结果

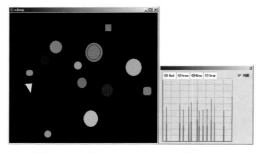

彩图 13　黑背景多色图及其灰度分布

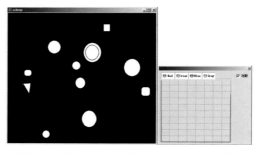

彩图 14　黑背景多色图二值化及其灰度分布

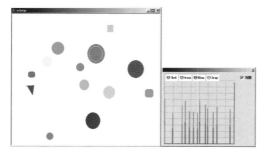

彩图 15　白背景多色图及其灰度分布

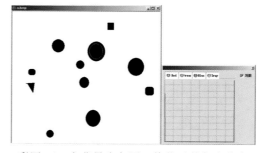

彩图 16　白背景多色图二值化及其灰度分布